笠原将弘的上品面条

犯懒的时候就吃面吧！

〔日〕笠原将弘 著
姚维 译

河南科学技术出版社
·郑州·

序　言

一说起面条，话题就停不下来。
和食与面有着千丝万缕的联系，
而日本料理中那些简单不累赘的做法则是我最为钟爱的。
比如，荞麦面的话我最喜欢『月见』荞麦面或者狸猫荞麦面
（因为是在日本关东，所以放的是天妇罗油渣），
拉面的话我最中意爽口的酱油拉面（严格来说是中国荞麦面）。
小时候，星期六学校只上半天课，
记得当时经常自己做炒面或者炒乌冬面作为午餐呢。

长大成人以后，可以自己一个人去喜欢的荞麦面店了。
也会在转换工作场地的间隙，匆匆忙忙地冲进偶然间路过的拉面店。
但是，午饭只吃一碗拉面对于我来说已经有点不够了，
所以一定会再点一碗炒饭。
总而言之，我认为面是一种令人轻松自在又平和的食物。

面的优点在于：在时间比较赶的时候能迅速做好。
忙得不可开交懒得进厨房的时候（当然了，
我并不希望大家把做饭当成是一件麻烦事），
烧水煮点面，配上喜欢的食材和蘸面料，简单而又美味。
乌冬面、荞麦面、挂面等『和式面条』自不必说，
中国的汤面、韩国的冷面、亚洲的米粉、意大利的意面……
不论去到世界的哪个角落，都会有当地的特色面条。种类丰富多样。
在这本书中，我根据面的种类构思了多种做法。
但即使用其他东西来替代面条，
相信也能做出好吃的美食。
对，面就是这么自由包容。

『月见』荞麦面的鸡蛋什么时候弄破？
很多人在吃之前就会一直心痒痒，
而我就正好属于这一类人。
如果从这本书中，
您也能找寻到这样的小小乐趣，
那将是我最开心的事。

笠原将弘

目录

本书的使用方法

- 1小匙 = 5 mL，1大匙 = 15 mL，1杯 = 200 mL。
- 如果没有特别说明，请用中火。
- “高汤”指日式高汤。可以根据自己的喜好选择海带或者木鱼花。
- 有时间的时候可以按照下述方法做“鸡架高汤”：
  在稍大一点的锅里放入一只鸡架（用水清洗过的），再加入海带（高汤用）10 cm × 10 cm（20 g）、水1 L、酒100 mL、盐1/2小匙，放到火上煮。煮沸后改小火再煮30分钟，然后倒到滤网上过滤。
- 做法说明中省略了蔬菜的清洗、去皮等步骤。如果没有特别说明，请做完这些步骤之后再开始烹饪。
- 烹饪时要小心热油和开水。
- 本书所介绍的做法，都是用家里现有的两三样食材就能做好的。您也可以根据自己的喜好用自己喜欢的面条或者其他食材来替代。

图标的含义

使用了蘸面汁的菜谱页面上会看到下面这样的图标。请根据季节和心情来选择。

面 热 / 汤汁 热
面和汤汁都是热腾腾的。适合寒冷日子的乌冬面或拉面。

面 冷 / 汤汁 常温
面是冷的，汤汁是常温的。和热乎乎的配菜一起食用。

面 冷 / 汤汁 冷
品味面本身的味道和香气。

面 冷 / 汤汁 热
凉凉的面条配上热乎乎的蘸料。

笠原流

制作笠原流的万能蘸面汁

只要有了它，美味全搞定！

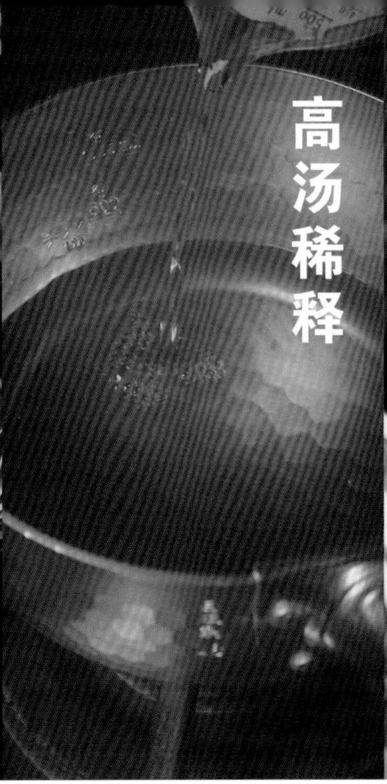

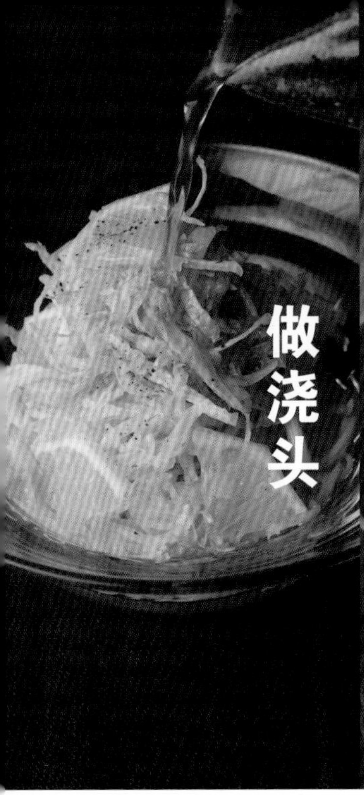

首先，我们来做基本的蘸面汁。浓度大概就是大家印象中『荞麦冷面蘸汁』那种浓度。可以直接用来做挂面的蘸料。用两倍的高汤稀释后也可以用来做盖浇面。当然做法也很简单：只需将所有材料放入锅中，煮后冷却、过筛即可。将浓口酱油和淡口酱油按照 1：1 的比例放入，这样味道会更有层次感，成品颜色也更漂亮。可以多做一些放起来（请参考 7 页的分量表）。

材料(2人份)

- 海带(高汤用)…5 cm × 5 cm(5 g)
- 木鱼花…15 g
- 小鱼干…5 g
- 酱油…2大匙
- 淡口酱油…2大匙
- 甜料酒…4大匙
- 砂糖…1大匙
- 水…300 mL

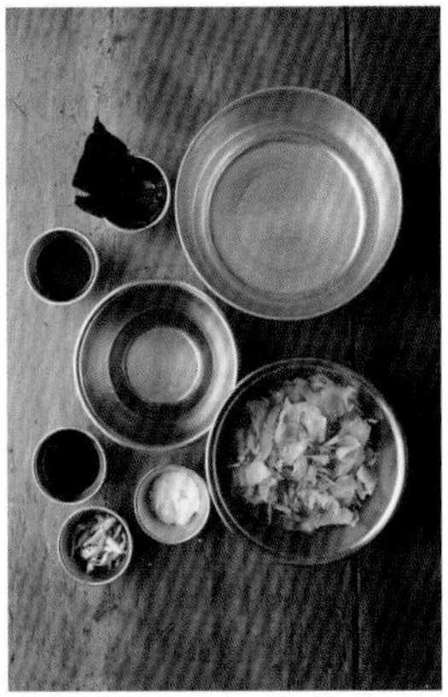

1

将所有材料放入锅中

所有材料放入锅中，木鱼花应一片片完全展开后放入，这样更容易煮出美味的高汤。

2

煮

首先放在中火上煮。煮开后改小火，然后煮5分钟左右。

3

从火上拿开，放到一边

关火，自然冷却。

4

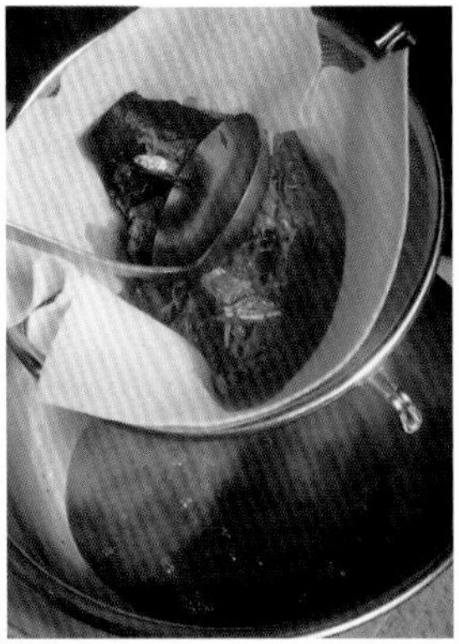

用滤网过滤

将厨房用纸铺到滤网上，过滤汤汁。过滤时请用勺子的背面挤压木鱼花。

做起来最为简单方便而又美味的蘸面汁

如果想多做一点

材料	4人份（约600 mL）	6人份（约900 mL）
海带	10 cm×10 cm	15 cm×15 cm
木鱼花	30 g	45 g
小鱼干	10 g	15 g
酱油	60 mL	90 mL
淡口酱油	60 mL	90 mL
甜料酒	120 mL	180 mL
砂糖	2大匙	2大匙
水	600 mL	900 mL

万能蘸面汁

（成品大约300 mL）

需要保存的时候请转移到储藏容器中。放在冰箱里可保存5天左右。除了做蘸面料使用，还能用于鸡肉鸡蛋盖浇饭、猪排饭的调味，或者用作寿喜烧的调料。此外，浇到凉拌豆腐或凉拌青菜上也是不错的选择。

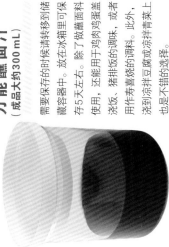

笠原流

面条料理的终极奥义

只要抓住一点点小诀窍，
不论是谁都可以做出好吃的面条！
让我们记住这三个要点，
去尝试更多的做法吧！

别忘了 面才是主角！

本想哧溜哧溜大口吃面，但是配菜太多，顿时美味减半。例如，放了很多豆芽或者玉米的拉面。说到底，面才是主角。所以，牛蒡、竹笋等有嚼劲的配菜要尽量切小，使之与面的搭配更加和谐。胡萝卜擦成泥的话还能去掉涩味，更是一举两得（请参照 68 页）。

面条需要用足量的沸水来煮

虽然这是基本的，但也是非常重要的。锅里烧足量的水，待水完全沸腾后，将面摊开放入。如果水不够多，或者锅不够大，不能完全煮透，就煮不出好吃的面了。煮意面（72~80 页）时有一条铁则，就是一定要放足够的盐（水量的 1%）。最后，面条捞出时一定要把水控干。否则，调料和汤头被稀释，就前功尽弃了。

食材和面条的组合有着无限的可能

一般来说，面都是以小麦粉为基底的。因此，不论是肉、鱼、蔬菜、鸡蛋、鱼干，还是柑橘等水果，和面搭配在一起都会是和谐的。特别是本书中所介绍的关于乌冬面、荞麦面、挂面的各种做法中，就算将面条换成别的东西，美味也不会打折。不会有“没有材料做不了”的情况。只需将手头现有的食材轻轻松松组合起来，就能从中寻找到自己喜欢的味道。

第一章

我喜欢的乌冬面

小时候，对于我来说，说起面条那一定就是乌冬面了。笠原家因为是双职工家庭，所以早上也经常吃乌冬面。我们会把面放到前一天晚上剩下的味噌汤中煮一煮来吃。我常常感叹：大人、小孩都喜欢的乌冬面真是太伟大了！

日料店的咖喱乌冬面

**这种做法所使用的配菜极为简单，只需猪肉和洋葱即可。
用黄油炒可以增加浓稠度，使风味更佳。
拌上蘸面汁，味道可媲美日料店。
呼呼地吹几下，再把面条送进嘴里。
浓郁的汤汁、热腾腾的面条，真让人欲罢不能。**

材料（2人份）

乌冬面（冷冻）… 2团
猪肉… 150 g
洋葱… 1/2个
黄油… 20 g
咖喱粉… 1大匙
A 万能蘸面汁… 240 mL
高汤… 360 mL
水淀粉… 1大匙
小葱葱花… 适量

做法

1 洋葱切成薄片。猪肉切成适口大小。

2 平底锅中放入黄油加热，再放入洋葱、猪肉翻炒。猪肉变色后撒入咖喱粉，炒出香味。

3 加入**A**，稍煮片刻后倒入水淀粉，搅拌均匀，勾出芡汁。

4 乌冬面放入足量的沸水中煮至完全展开，捞出控干水后盛入碗中。将**3**倒在面上，最后放上葱花。

勾芡时的要领

勾芡时，请将水淀粉倒在汤勺中，一点一点加入并搅拌。这样才能勾出完美的芡汁。如果一次全部加入，会凝固成团，请务必注意这一点。

面 热
汤汁 热

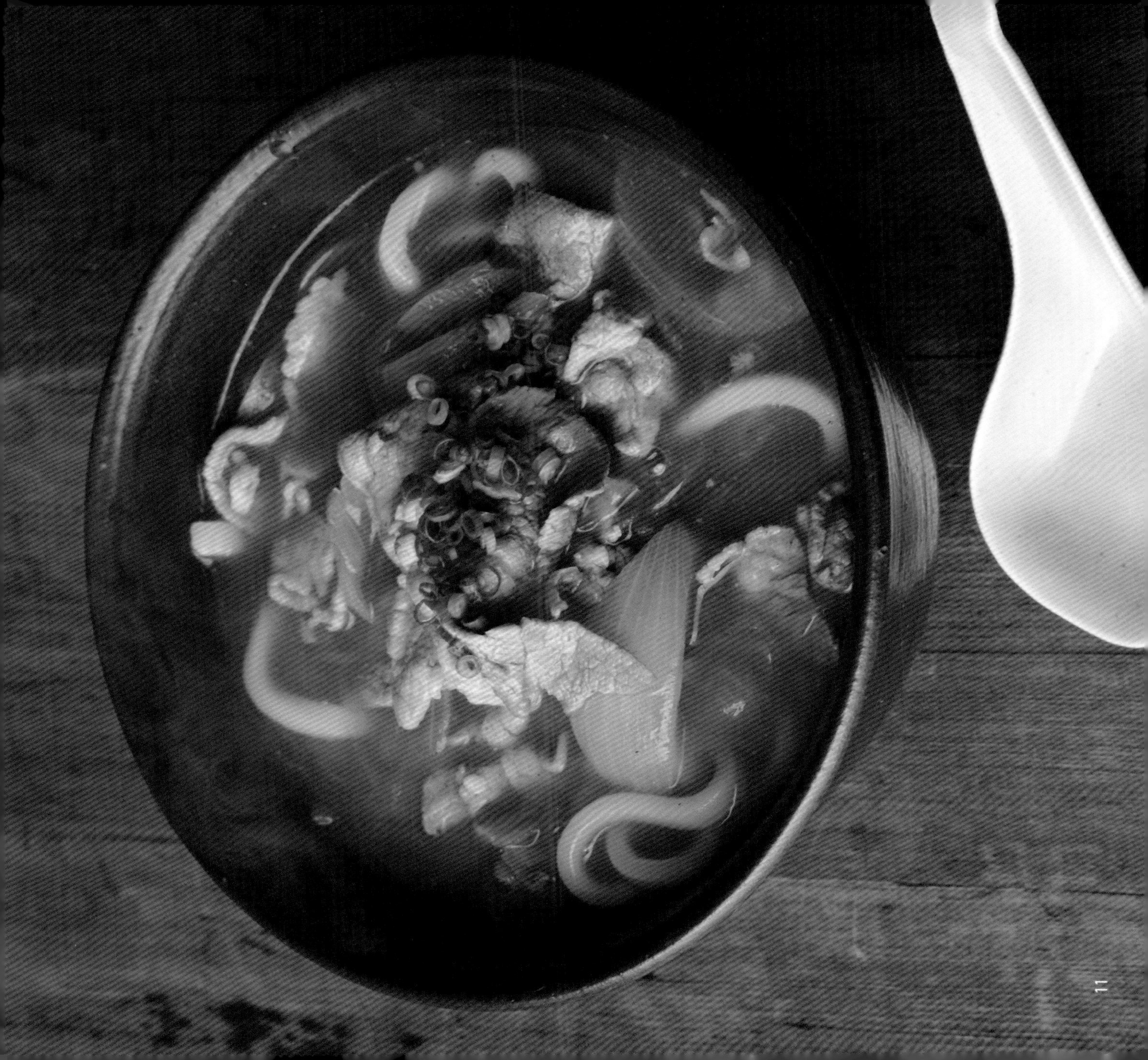

记忆中的炒乌冬面

上小学的时候，经常自己做炒乌冬面吃。
口感软糯的乌冬面，炒起来也很好吃。这也正是它的魅力所在。
肉呢还是用猪肉，蔬菜要多放一些进去。
将荷包蛋挑破，让浓稠的蛋黄包裹着面条来刺激你的味蕾吧！

材料（2人份）

乌冬面（冷冻）…2团
猪肉片…100 g
包菜…100 g
胡萝卜…1/3根
青椒…2个
鸡蛋…2个
盐…一小撮
粗粒黑胡椒…少许
A 高汤…200 mL
甜料酒…1大匙
酒…1大匙
酱油…1大匙
色拉油…2大匙
木鱼花…5 g
红姜…适量

做法

1 乌冬面放入足量的沸水中煮至完全展开，捞出控干水后用凉水冲洗，再次控干水。

2 包菜切成大片。胡萝卜切成条。青椒切丝。将**A**混合。

3 平底锅中倒入1大匙色拉油烧热，再倒入猪肉片翻炒。猪肉变色后倒入**2**的蔬菜，放盐翻炒。

4 胡萝卜熟透后加入**1**翻炒。再加入**A**，稍煮片刻后撒上黑胡椒。

5 煎荷包蛋：另起平底锅倒入1大匙色拉油烧热，打入鸡蛋，撒上盐。待蛋白部分凝固后，加入1大匙水，盖上锅盖焖30秒后关火。

6 将**4**盛入碗中，再放入**5**、木鱼花、红姜。

用焖的方法就绝对不会失败

笠原流的炒乌冬面采用的是“焖炒法”：加入略多的水（高汤）后稍稍煮沸。用这样的方法，面条会更软糯，蔬菜颜色好看而且很有嚼劲，肉也能保持细嫩的口感。

热面 热汤汁

热腾腾的铁锅乌冬面

铁锅乌冬面做法简单，只需在锅中加入配菜、乌冬面和蘸面汁、高汤，然后放到火上煮即可。无论是忙到没时间做饭的时候，还是想吃点宵夜的时候，都十分适合来上这样一碗面。特别是在寒冷的日子，它让你的身体由内而外地暖和起来。配菜的话，只要是您喜欢的，加什么都可以。

做法

1 乌冬面放入足量的沸水中煮至完全展开，捞出控干水。

2 鸡腿肉切成适口大小。大葱斜切。香菇切两半。

3 青菜焯水后放入冷水中，然后捞出挤干水，切成5 cm长。

4 年糕用吐司机之类的机器烤好。

5 锅中加入**A**和**1**，然后放上**2**，放到火上。煮开后改小火，放入**3**、**4**。打入鸡蛋，盖上锅盖。待鸡蛋煮至喜欢的程度后关火。

材料（2人份）

乌冬面（冷冻）… 2团
鸡腿肉…100 g
大葱… 1/3根
香菇… 2个
青菜… 1/4把
年糕… 2个
鸡蛋… 2个
A 万能蘸面汁…240 mL
高汤…360 mL

笠原的备忘录

吃铁锅乌冬面的话，鸡肉是一定要的。当然烤好的年糕以及荷包蛋也是必需的。蔬菜呢，随机用冰箱里有的东西就可以啦！最后放上鱼糕、撒点七味粉也不错哟。

肉酱多多的炸酱乌冬面

凉凉的乌冬面，浇上热乎又浓稠的肉酱。
乌冬面比较粗，所以相应的配菜也要切大一点。
我们常说，粗面条比较适合浓稠的酱料，意面也是如此。

材料（2人份）

乌冬面（冷冻）… 2团
牛肉猪肉混合肉末…150 g
竹笋（水煮）…50 g
香菇… 2个
洋葱… 1/4个
黄瓜… 1根
大葱… 1/3根
番茄… 1/2个
温泉蛋（市面购入）… 2个
水淀粉… 2大匙
芝麻油… 1大匙

A
- 鸡架高汤（鸡架高汤汤底2/3小匙+400 mL水）
- 甜面酱… 3大匙
- 酱油… 1大匙
- 胡萝卜泥… 1/2小匙
- 生姜泥… 1/2小匙

做法

1 竹笋切成1 cm见方的小块。香菇、洋葱切末。将**A**搅拌均匀。

2 平底锅中加入芝麻油烧热，再放入肉末和**1**的蔬菜，中火翻炒。

3 肉馅变色后加入**A**稍煮片刻。倒入水淀粉搅拌勾芡。

4 黄瓜、大葱切丝。番茄横切圆片。

5 乌冬面放入足量的沸水中煮至完全展开，捞出控干水后用凉水冲洗，再次控干水后盛入碗中。最后放上**3**、**4**和温泉蛋。

搅拌后再吃

吃之前把面和配料好好搅拌一下吧。凉凉的乌冬面搭配热乎乎的配菜和温泉蛋，拌在一起吃真是让人大呼过瘾。

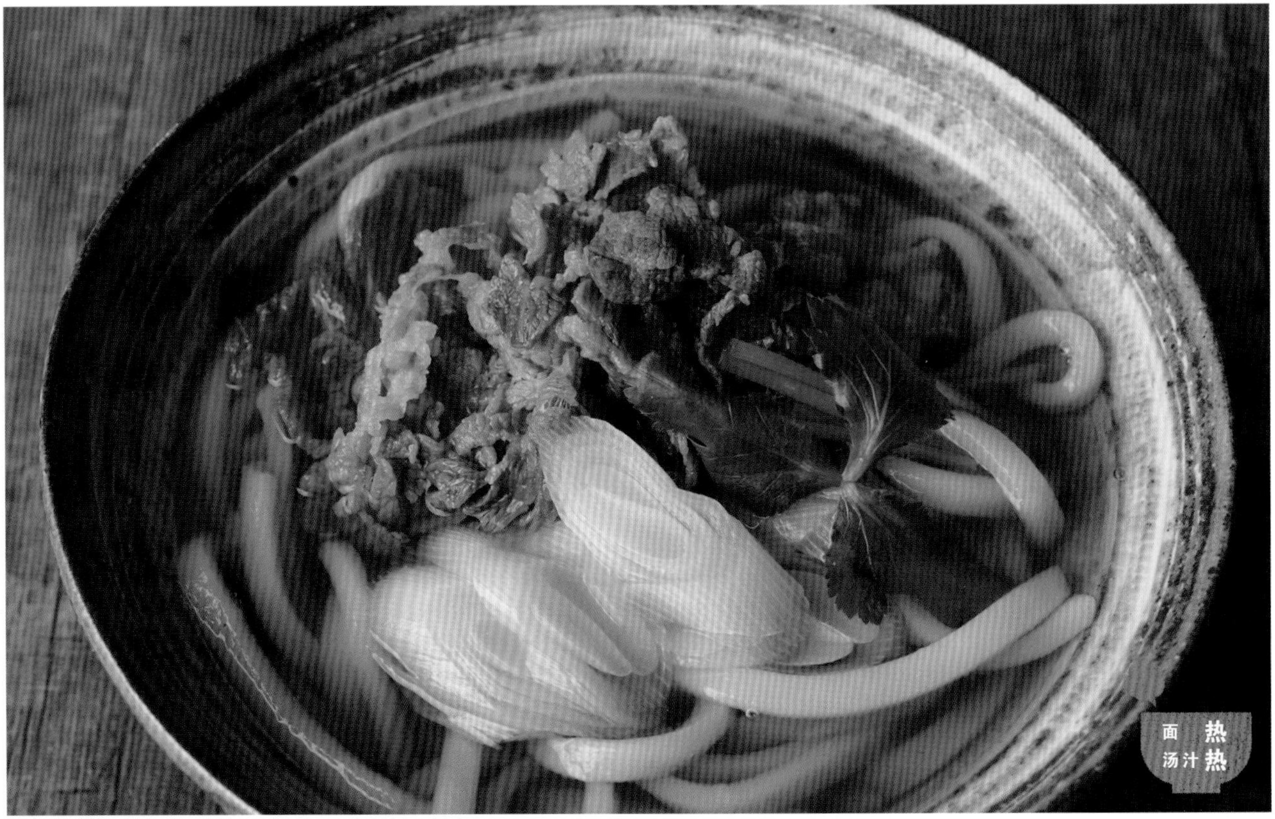

牛肉乌冬面

牛肉乌冬面才是王道！
在日本关东，乌冬面里一般会放猪肉。
如果把猪肉换成牛肉呢，就成了关西风格啦！
跟大葱一起用蘸面汁煮过的牛肉非常入味，
也是这碗乌冬面的亮点所在。
打上一个鸡蛋的话，也可以做牛肉盖浇面的浇头哟。

材料（2人份）

乌冬面（冷冻）…2团
牛肉片…200 g
大葱…1/2根
香芹…3根
万能蘸面汁…100 mL
A 万能蘸面汁…240 mL
　高汤…360 mL

做法

1 牛肉片焯水，用笊篱捞出，控干水后与100 mL蘸面汁一起放入小锅中，然后放到火上煮，煮至汤汁收干。

2 大葱斜切成1 cm厚的葱段。香芹切成3 cm长的段。

3 锅中放入**A**和大葱，稍煮片刻。

4 乌冬面放入足量的沸水中煮至完全展开，捞出控干水后盛入碗中。浇入**3**，然后放上**1**。最后放入香芹。

烹饪牛肉时调味要稍重一点

牛肉要完全入味了才好吃。将牛肉和蘸面汁一起放在火上煮至收汁。去掉了腥味的牛肉非常美味！

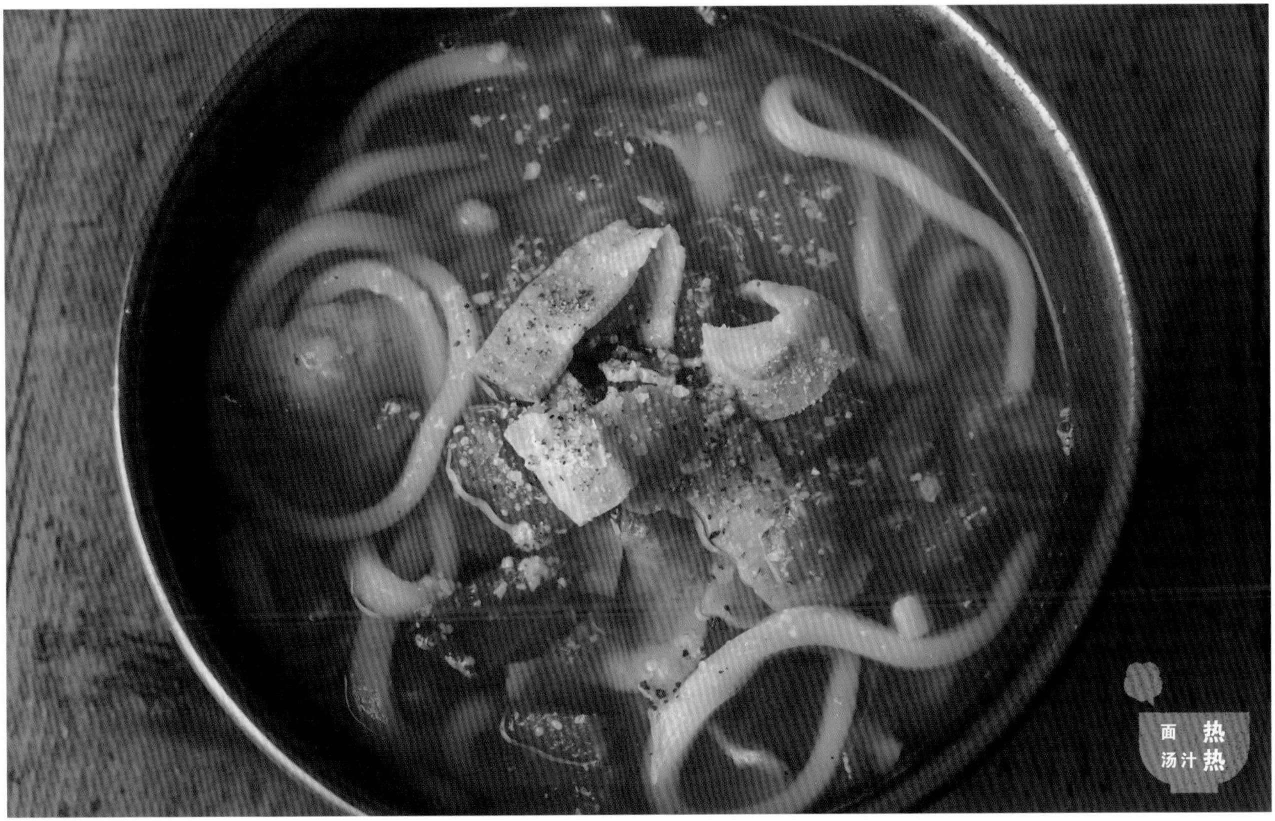

番茄芝士培根乌冬面

曾经有段时间很流行吃番茄的日本关东煮。其实味道浓郁的番茄也可以作为汤底使用。这一次我们选择了番茄的绝佳拍档——培根和芝士。如果没有培根用香肠也可以。

材料（2人份）

乌冬面（冷冻）… 2团
番茄 … 1个
培根 … 3片
A ┃ 万能蘸面汁 … 240 mL
 ┃ 高汤 … 360 mL
芝士粉 … 1大匙
粗粒黑胡椒 … 少许

做法

1 番茄切大块。培根切成1 cm宽。

2 锅中放入**1**和**A**，稍煮片刻。

3 乌冬面放入足量的沸水中煮至完全展开，捞出控干水后盛入碗中。浇上**2**，再撒上芝士粉和黑胡椒。

做出好吃的番茄汤底

只需将番茄和培根用蘸面汁、高汤煮一煮，就能做出超级美味的乌冬面汤。番茄的谷氨酸和培根的美味被完全煮出来，怎么可能不好吃!

褐藻醋黄瓜乌冬面

日本料理的菜单里一定会有一道『褐藻醋杂烩粥』，
现在我构思了它的乌冬面版本。
加入整包褐藻醋，
让你在没有食欲的夏天也可以畅快吃面！

材料（2人份）

乌冬面（冷冻）…2团
褐藻醋（市面购入）…4包
黄瓜…1根
盐…1/2小匙
A 万能蘸面汁…150 mL
  高汤…150 mL
生姜泥…1小匙
香炒白芝麻…1大匙

做法

1 褐藻醋和**A**加入碗中混合搅拌，再放入冰箱冷藏。

2 黄瓜切薄片，撒上盐，用手揉匀。然后用水冲洗，挤干水。

3 乌冬面放入足量的沸水中煮至完全展开，捞出控干水后用凉水冲洗，再次控干水后盛入碗中，浇上**1**。

4 放上**2**、生姜泥，撒上白芝麻。

软乎乎的清汤蚝油鸡蛋乌冬面

先将鸡蛋和生奶油放在一起搅拌成醇厚的卡仕达酱，再用蚝油替代酱油来调味。丝滑的口感超乎您的想象。

材料（2人份）

乌冬面（冷冻）… 2团
鸡蛋… 3个
A
- 生奶油… 1大匙
- 芝麻油、蚝油… 各1小匙
- 盐… 两撮

小葱葱花… 适量

做法

1 鸡蛋打入碗中搅散，加入**A**。把碗放到加入了热水的锅中，隔水搅拌。需用打蛋器充分搅拌至呈黏稠状。

2 乌冬面放入足量的沸水中煮至完全展开，捞出控干水后盛入碗中。浇上**1**，再撒上葱花。

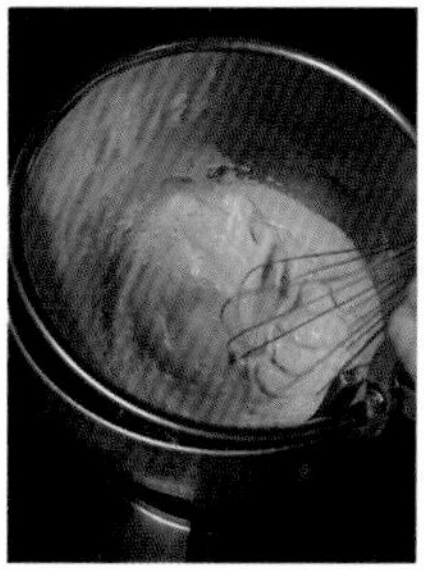

隔水搅拌的时候请用热水

隔水搅拌蛋液的时候，热水是成功的保证。注意要用打蛋器充分搅拌，直至蛋液整体呈黏稠状。

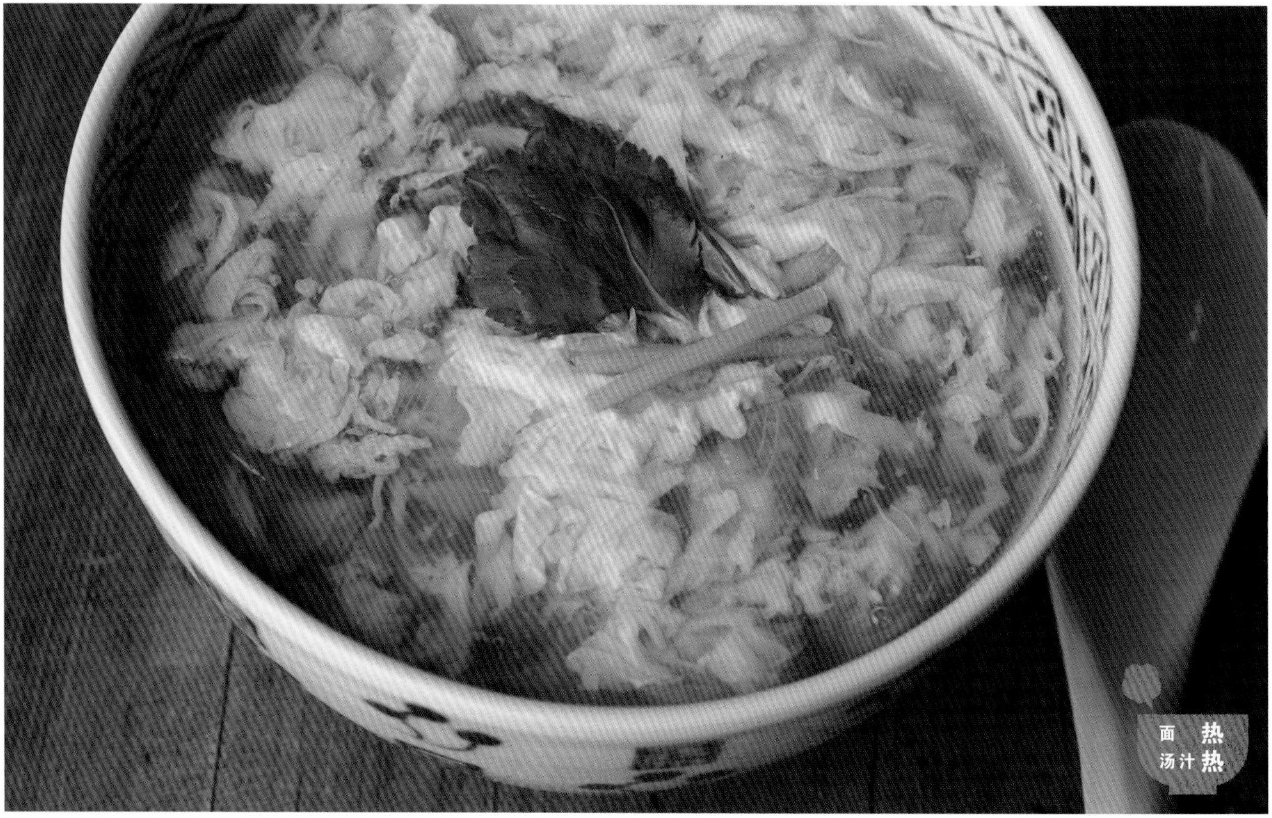

软糯绵密蛋花汤乌冬面

浓稠的面汤搭配软乎乎的鸡蛋。
因为鸡蛋是在汤汁勾芡以后一点一点加进去的，
所以口感十分柔软。
香芹的香味也很突出。

材料（2人份）

乌冬面（冷冻）…2团
鸡蛋…2个
大葱…1/2根
香芹…3根
水淀粉…1大匙
A ┃万能蘸面汁…240 mL
  ┃高汤…360 mL

做法

1 大葱斜切薄片。香芹摘掉叶片，菜秆部分切成3 cm长的段。

2 锅中加入**A**，稍煮片刻，然后加入水淀粉迅速搅拌勾芡。加入大葱，迅速煮沸。

3 鸡蛋打入碗中，搅散后用勺子舀出来，一点一点加到**2**里。

4 乌冬面放至足量的沸水中煮至完全展开，捞出控干水后盛入碗中，慢慢倒入**3**，最后放上香芹。

勾芡后的汤汁中倒入蛋液

汤汁勾芡后，将蛋液一点一点地加进去。这样煮出来的鸡蛋口感更加柔软。加入蛋液后请不要搅拌，只需将锅轻轻摇动即可。

脆生生的阳荷涮肉乌冬面

夏天必吃的涮猪肉，经过我的一番改造，成了这样一碗乌冬面。阳荷脆生生的口感让人吃起来心生愉悦。可以稍加搅拌后再品尝。做好之后浇上几圈芝麻油，那迷人的香味无疑会勾起您的食欲。

材料（2人份）

乌冬面（冷冻）… 2团
猪肉（涮肉用）…150 g
阳荷… 3个
盐…少许
芝麻油… 1小匙
A 万能蘸面汁…150 mL
高汤…150 mL

做法

1 阳荷切丝，焯水。

2 锅中烧开水，加盐关火。猪肉展开放入锅中，肉变色后盛入滤网中。

3 乌冬面放入足量的沸水中煮至完全展开，捞出控干水后用凉水冲洗，再次控干水后盛入碗中，倒入混合好的**A**，放上**2**和阳荷。最后浇几圈芝麻油。

关于乌冬面

虽然也有熟乌冬面和干乌冬面，但冷冻乌冬面是最美味的

在家做乌冬面的话，冷冻乌冬面绝对是最值得推荐的。现在的冷冻技术十分发达，能够将刚煮熟的乌冬面进行瞬间冷冻。而您只需煮上一分钟，就能享受到有嚼劲、有弹性、软糯而爽滑的乌冬面。忙碌的时候或者犯懒的时候煮上一包再合适不过了。当然，需要注意的一点是，请务必用足量的沸水来煮。不管煮哪种面，这都是铁的法则。特别是冷冻乌冬面，因为它是冻住的，如果水量不够，温度瞬间就会降下去，所以请务必注意。

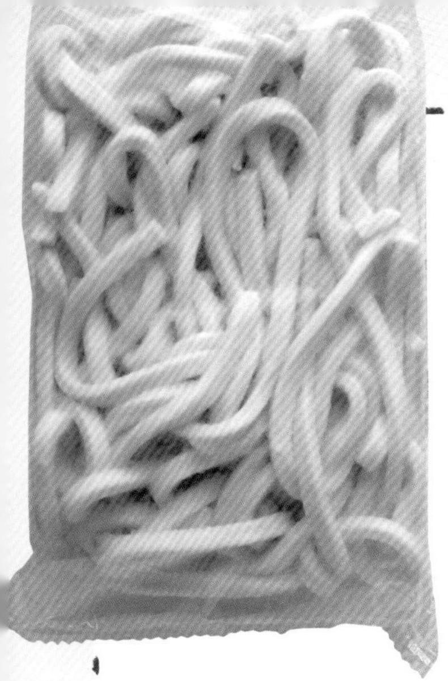

本书中所使用的乌冬面

本书中所使用的是180 g × 2规格的冷冻乌冬面。这种乌冬面属于赞岐乌冬面类型，口感柔滑而富有嚼劲，可以直接连包装一起放入微波炉中加热，但最好还是用足量的沸水来煮。煮的时间其实也只需要一分钟左右，非常迅速。

乌冬面的煮法

在锅中放入足量的水，水烧开后，放入乌冬面，用筷子把面抻开，煮一分钟左右。然后捞出面把水控干。如果要吃冷乌冬面，则应用凉水冲洗后再控干水。因为面是煮过以后再进行冷冻的，所以用开水解冻加热即可。

笠原的备忘录

为了让面与调料更好地融合，要常备水淀粉

在乌冬面的菜谱中，水淀粉是常客。它不仅可以用来勾芡，使得面和调料融合得更好，还能让面保持温度，一直到最后都是热乎乎的，吃完身体也会跟着热乎起来。

一般来说淀粉和水应该是1：1的比例，但我比较喜欢按1：1.5水稍多的比例来调配。把水淀粉一点一点地加到面汤里，也不容易结块、凝固。水淀粉在冰箱里可以保存3~4天，所以可以在保鲜容器里存一些，这样用起来更方便。由于淀粉容易沉淀，使用之前应充分搅拌。

做咖喱乌冬面（图右、详见10页）和蛋花汤乌冬面（图左、详见22页）时必不可少。

第二章

好吃不过荞麦面

长大成人之后，某一天，我成了荞麦面爱好者。
荞麦面滑过喉咙时的感觉很奇妙，特别适合宿醉的清晨。
我也经常一个人去荞麦面馆。
在各类面食中，唯有荞麦面是季节性的。
正是这一点，让它拥有了与和食世界共通的某种特质。

酢橘荞麦面

这碗酢橘荞麦面在『赞否两论面馆』也非常有人气。它不仅看上去很清凉，因为加入了酢橘的果汁，吃起来也很爽口。恰到好处的香气和酸味，让人在炎热的夏天食欲大开，美味到让你一滴汤汁都不愿意浪费。

材料（2人份）

荞麦面（干面）… 2把（120 g ×2）
酢橘… 6个
A | 万能蘸面汁…240 mL
  | 高汤…360 mL

做法

1 酢橘洗净。切下果蒂部分（切厚一点），其他部分连皮切成圆形薄片。

2 碗里放入 **A**，再将果蒂部分的果汁挤进碗中并放入冰箱冷藏。

3 荞麦面放入足量的沸水中煮熟，捞出控干水后用凉水冲洗，再次控干水后盛入碗中。放上 **2**，最后摆放酢橘圆形薄片。

酢橘尽量切薄

酢橘要连皮吃，所以请尽量切薄一点。如果能切成厚度一致的薄片，吃起来口感会更好。

冷汤汁 冷面

猪肉南蛮荞麦面

这不是鸭肉南蛮，而是健康的猪肉南蛮。
所谓『南蛮』，指的是面里加入了大葱。
猪肉煎过之后味道更富有层次感，
而大葱的香味也完全融入蘸料之中，
带给您丰富的味觉体验。

材料（2人份）

荞麦面（干面）… 2把（120 g × 2）
猪五花肉薄片 … 100 g
大葱 … 1/2根
香芹 … 3根
柚子皮 … 少许
A | 万能蘸面汁 … 250 mL
　| 高汤 … 200 mL
色拉油 … 适量

做法

1 猪肉切成适口大小。大葱切成3 cm长的段。香芹切成2 cm长的段。

2 平底锅中倒入色拉油烧热，加入猪肉和大葱。煎至变色后加入**A**，稍煮片刻。

3 荞麦面放入足量的沸水中煮熟，捞出控干水后用凉水冲洗，再次控干水后盛入碗中。

4 另取容器放入**2**，撒上香芹和柚子皮，再浇到**3**上。

猪肉和大葱都要煎透

猪肉煎透后溢出来的油脂是蘸料的精华所在。而大葱煎好后会有香味。两者可以同时放入平底锅里煎。

面 冷
汤汁 热

银鱼豆瓣菜盖浇面

『赞否两论面馆』有一道很受欢迎的『豆瓣菜泥荞麦面』。这碗面就是它的改良版：加入了银鱼，因此味道更为丰富。我只使用豆瓣菜柔软的叶片部分，这样才能跟面更好地融合，吃起来口感绝佳。

材料（2人份）

荞麦面（干面）… 2把（120 g ×2）

银鱼…60 g

豆瓣菜… 1把

A
- 万能蘸面汁…150 mL
- 高汤…150 mL

做法

1. 豆瓣菜摘取叶片。
2. 荞麦面放入足量的沸水中煮熟，捞出控干水后用凉水冲洗，再次控干水后盛入碗中。
3. 浇上冷藏过的 **A**，放入银鱼和豆瓣菜叶片。

笠原的备忘录

本店所使用的豆瓣菜是岐阜农家直送的，跟市面上卖的相比，叶片更加柔软。豆瓣菜秆是有辣味的，所以可以用它做佐料。将豆瓣菜秆切成碎末后跟萝卜泥混在一起，特别适合搭配生鱼片或肉类来吃。

日之丸荞麦面

这碗面的重点是用菜刀拍打而成的山药泥。不用刨子，而是用菜刀将山药拍打成泥状，以此呈现独特的口感。加入大量凉凉的高汤，搅拌到黏糊糊的状态后再吃吧。

材料（2人份）

荞麦面（干面）… 2把（120 g ×2）
山药…8 cm
梅干… 2个
青紫苏… 5片
盐…少许
芥末…少许
A 万能蘸面汁…150 mL
高汤…150 mL

做法

1 山药用菜刀拍打成泥状，撒上盐稍加搅拌。

2 梅干去掉核。青紫苏切丝。

3 荞麦面放入足量的沸水中煮熟，捞出控干水后用凉水冲洗，再次控干水后盛入碗中。

4 放上**1**和梅干，再加入青紫苏丝和芥末。

5 另取容器倒入冷藏过的**A**，再浇到**4**上。

煎豆干萝卜泥荞麦面

虽然面和蘸料都是凉的，但煎过的豆干是热的。豆干外面脆脆的，里面却又是绵软的。它散发着迷人的香味，让人无法忽略它的存在。还有萝卜泥和豆苗，为您带来清爽的口感。

材料（2人份）

荞麦面（干面）… 2把（120 g ×2）
豆干… 2块
萝卜… 1块
豆苗…1/3盒
万能蘸面汁…300 mL

做法

1 萝卜擦泥，控干水。

2 平底锅加热，放入豆干。用锅铲按压豆干，将两面都煎出颜色。稍稍放置至不烫手的程度，切成宽1 cm左右的条。

3 荞麦面放入足量的沸水中煮熟，捞出控干水后用凉水冲洗，再次控干水后盛入碗中。

4 放上**2**、**1**以及豆苗。另取容器倒入冷藏过的蘸面汁，浇到面上。

让人上瘾的纳豆豆腐荞麦面

纳豆是我十分钟爱的食材之一。
而这碗面则是综合了纳豆和豆腐的『豆』之面。
黏黏的纳豆混合蘸面汁，
带给您如山药泥般软糯的口感。
不喜欢吃纳豆的人也不妨试试看！

材料（2人份）

荞麦面（干面）… 2把（120 g ×2）
纳豆… 2包
绢豆腐… 1/2块
A ｜自带调料… 2包
　｜自带辣椒粉… 2包
　｜万能蘸面汁… 2大匙
B ｜万能蘸面汁… 150 mL
　｜高汤… 150 mL
小葱葱花… 适量
海苔条… 适量

做法

1 豆腐用厨房用纸包好，用重物压住，放置20分钟，直至完全控干水。

2 豆腐弄碎放入碗中，加入纳豆、**A**，搅拌。

3 荞麦面放入足量的沸水中煮熟，捞出控干水后用凉水冲洗，再次控干水后盛入碗中。

4 浇上冷藏过的**B**，然后按顺序放上**2**、葱花和海苔条。

简简单单海苔『月见』荞麦面

我很喜欢所谓的『月见』荞麦面。将煮好的面条盛入碗中，打上一个鸡蛋，再倒进高汤，看着蛋白慢慢变熟——这是我最喜欢的做法。而这碗面因为放了海苔，所以变成了海苔『月见』荞麦面。

材料（2人份）

荞麦面（干面）… 2把（120 g×2）
烤海苔（整张）… 2张
鸡蛋… 2个
A ｜万能蘸面汁…240 mL
　｜高汤…360 mL

做法

1 2张烤海苔均切成8等份。

2 荞麦面放入足量的沸水中煮熟，捞出控干水后盛入碗中。

3 在碗的正中间打入鸡蛋。倒入烧热的 **A**，再放上烤海苔。

金枪鱼沙拉荞麦面

荞麦面口感好且有着独特的香味，所以做成沙拉风味的也是十分值得推荐的。
放上酱油风味的金枪鱼沙拉，再浇上蘸面汁做基底的汤汁（此汤汁还可以用来做普通沙拉）即可。

材料（2人份）

荞麦面（干面）… 2把（120 g×2）
金枪鱼罐头… 1小罐（70 g）
黄瓜… 1/2根
大葱… 1/4根
番茄… 1/2个
水菜… 1/4把
生菜… 4片

A
蛋黄酱… 3大匙
酱油… 1小匙
甜料酒… 1小匙

B
万能蘸面汁… 150 mL
高汤… 150 mL
芝麻油… 1大匙
醋… 2大匙

粗粒黑胡椒…少许

做法

1. 黄瓜、大葱切末，放入碗中，加入金枪鱼罐头（稍沥一下水）和**A**混合搅拌。
2. 番茄竖切成8等份，水菜切成5 cm长的段。
3. 荞麦面放入足量的沸水中煮熟，捞出控干水后用凉水冲洗，再次控干水。
4. 生菜铺到容器中，盛入**3**。浇上混合搅拌好的**B**。再放入**1**。加入番茄、水菜，撒上黑胡椒。

爽口梅子裙带菜荞麦面

如果您喜欢荞麦面，
那么一定不能错过这样一碗正统荞麦面。
它的配料有：梅子、裙带菜、鱼糕。
感冒的时候不妨来上一碗。
当然我们一定要严选最美味的裙带菜。

材料（2人份）

荞麦面（干面）… 2把（120 g ×2）
裙带菜（盐渍）…60 g
梅干… 4个
鱼糕… 4片
A ┃ 万能蘸面汁…240 mL
  ┃ 高汤…360 mL
香炒白芝麻… 1大匙

做法

1 冲洗掉裙带菜上的盐，放在水中浸泡片刻后，甩干水，切条。

2 锅中放入 **A** 加热，再加入 **1** 和鱼糕，迅速搅拌一下关火。

3 荞麦面放入足量的沸水中煮熟，捞出控干水后盛入碗中。浇上 **2**，放入梅干，撒上白芝麻。

我最爱的葱香狸猫荞麦面

清晨，当您想抹去宿醉的痕迹时，
我推荐您来上这样一碗荞麦面。
天妇罗油渣与高汤完美融合，
让您每吃一口，肠胃都得到温柔的治愈。
顺便说一句，日本关西的狸猫荞麦面放的是油炸豆腐，
所以关东的这种吃法常被关西人戏称为『洋气的吃法』。

材料（2人份）

荞麦面（干面）… 2把（120 g ×2）
小葱葱花…适量
天妇罗油渣…3/4杯
A 万能蘸面汁…240 mL
　高汤…360 mL

做法

1 荞麦面放入足量的沸水中煮熟，捞出控干水后盛入碗中。

2 A加热后浇到1上，最后放上葱花和天妇罗油渣。

拌在一起就是好吃的佐料

这些佐料做法简单，只需将配菜准备好拌一拌即可。
加上佐料以后感觉会不一样哟！

放到盖浇面里试试

烤茄子泥

茄子（明火烤过后剥皮，
　再用菜刀切碎）…2个
生姜泥…1小匙
阳荷碎末…1个切成
小葱葱花…3根切成
酱油…1小匙
甜料酒…1小匙
芝麻油…1大匙

放在冰箱冷藏10分钟入味

山形县高汤风味

黄瓜（1 cm小方块）…1根切成
茄子（1 cm小方块）…1根切成
秋葵（1 cm小方块）…3根切成
阳荷（1 cm小方块）…1个切成
山药（1 cm小方块）…2 cm切成
盐…1小匙
醋…1大匙
色拉油…1大匙

不论中式还是日式面条都适合

葱香盐渍黑胡椒

葱末…1根切成
香炒白芝麻…1大匙
粗粒黑胡椒…1/2小匙
盐…1/2小匙
芝麻油…2大匙

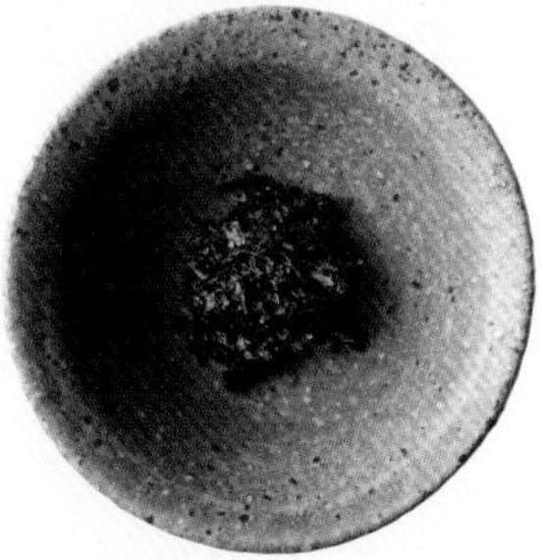

美味满分、意面可用◎

生姜咸海带

咸海带（切碎）…3大匙
生姜泥…2/3大匙
色拉油…1大匙

给萝卜泥增添色彩

三色萝卜泥

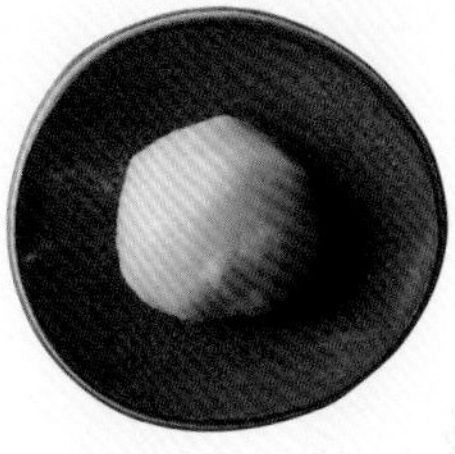

黄色

蛋黄…1个
萝卜泥…4大匙
盐…一小撮
色拉油…1小匙

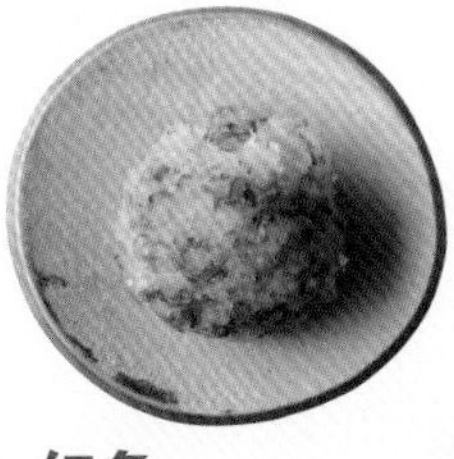

绿色

青紫苏末…5片切成
小葱葱花…3根切成
萝卜泥…4大匙
盐…一小撮

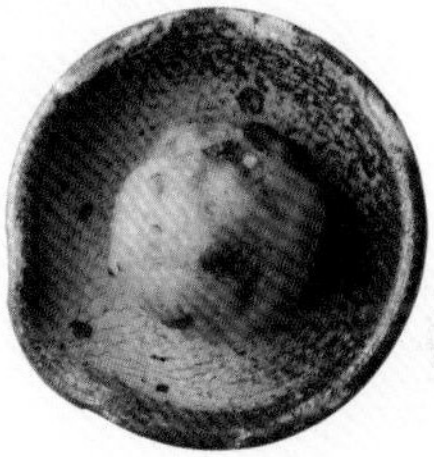

红色

梅干（切碎）…1个
什锦咸菜切末…1大匙
萝卜泥…4大匙

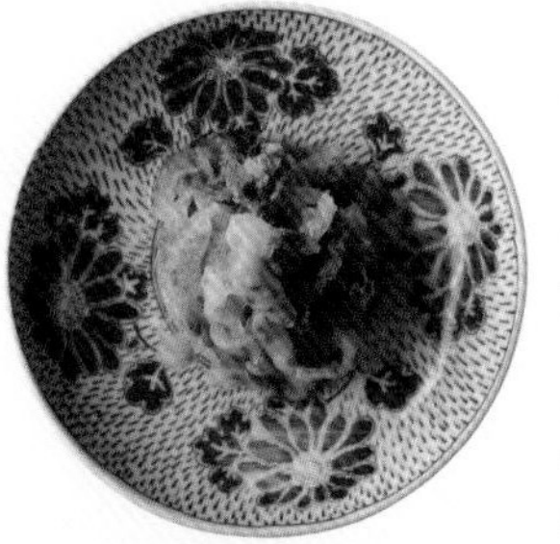

芹菜的口感是亮点

干木鱼芹菜

芹菜杆（斜切薄
　片）…1/2根切成
木鱼花…2大袋
酱油…1小匙
甜料酒…1小匙
色拉油…1大匙

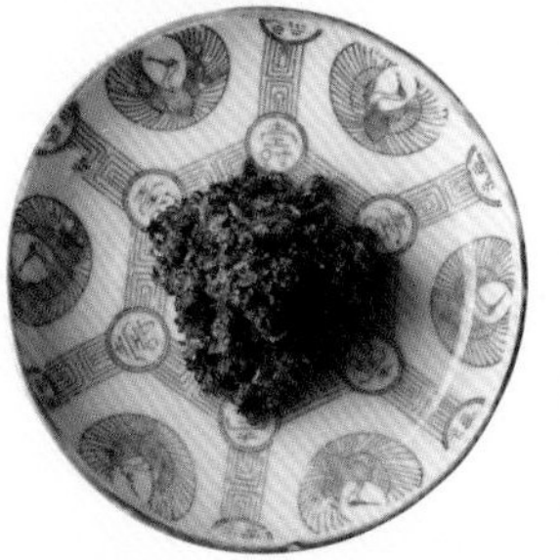

香味迷人的东西拌在一起

黑芝麻拌茼蒿

茼蒿（焯水后挤干水，
　切碎）…1/2把
黑芝麻粉…2大匙
酱油…1小匙
甜料酒…1小匙
芝麻油…1小匙

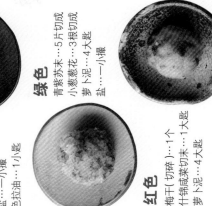

关于荞麦面

在家做荞麦面的话，干面就可以

因为太喜欢荞麦面（准确来说是因为有伙计曾有过做手打荞麦面的经验），所以开了『赞否两论面馆』和一品料理店，其中『赞否两论面馆』就是手打荞麦面馆。刚刚打好的荞麦面的美味，只有去店里才能品尝得到。但是如果在家里做荞麦面的话，使用干面比生面的成功率更高。在超市的货架旁迷茫犹豫不知道买哪种面的时候，就选原材料最简单的那些吧。还有，有些地方是以荞麦面好吃而著称的，选择这些产地的就一定不会出错。要想品尝到荞麦的风味和香气，按我说的做吧！

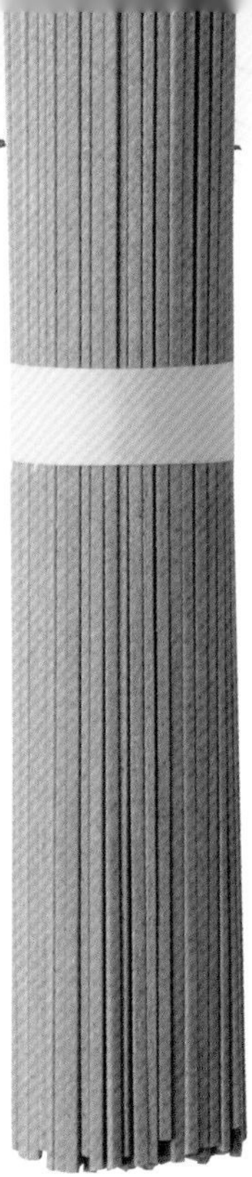

本书所使用的荞麦面

本书所使用的是120 g × 3把装的干面。原材料包括：荞麦粉、小麦粉、盐。仔细看的话，面上会有小小的颗粒状的东西，那是荞麦壳。稍粗一点的面吃起来更有嚼劲，而且越嚼越能品味到荞麦的美味。

荞麦面的煮法

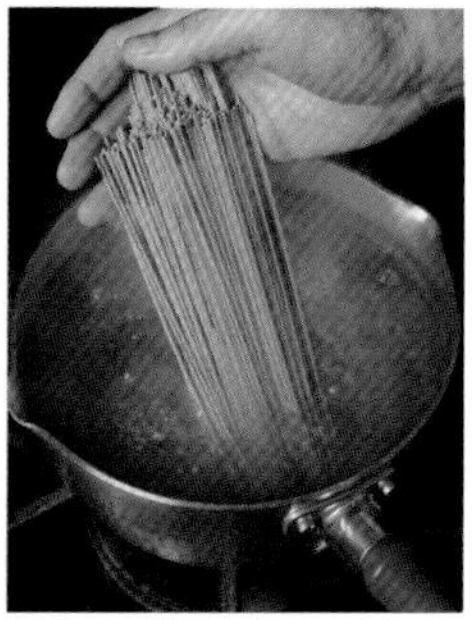

在锅中加入足量的水，水烧开后，放入荞麦面。

用筷子将面扒散，让面在沸水中翻滚4分钟左右。中途如果水有溢出来的危险，请将火调小。

把面放在流水下冲洗，冲走一些热气。荞麦面如果过凉，风味会打折，所以冲洗时动作要迅速。夏天的话使用冰水更好。

第三章

一年四季都美味的挂面

我总觉得挂面是一种很厉害的面，
不仅一眨眼的工夫就能煮好，
而且跟蔬菜、肉、鱼等任何食材都能搭配。
夏天的话，简单加点佐料或者蘸面汁就不错！
冬天呢，就来吃点热乎乎的煮挂面吧！

麻婆茄子挂面

中国菜中有一道大名鼎鼎的麻婆茄子。
这碗面就是麻婆茄子与日式挂面的结合。
茄子充分吸收了汤汁，咬一口，美味的汤汁在嘴里蔓延开来。
软糯的茄子包裹着肉汁，即使在没有食欲的夏天，也能让你大快朵颐。

材料（2人份）

挂面…3把（50 g ×3）
鸡肉末…100 g
茄子…2个
洋葱…1/4个
生姜…1/3个
豆瓣酱…1小匙
芝麻油…1小匙
A 鸡架高汤（鸡架高汤汤底1/2小匙+水3000 mL）
　味噌…1大匙
　酱油…$1\frac{1}{2}$大匙
　甜料酒…1大匙
　砂糖…2小匙
水淀粉…1大匙
色拉油…2大匙
小葱葱花…适量

做法

1 茄子纵向切成两半，表面切蓑衣花刀，再从中间竖切。洋葱、生姜切末。**A**的所有材料混在一起搅拌均匀。

2 平底锅中放入色拉油烧热，放入洋葱、生姜、鸡肉末煸炒。炒出香味后放入茄子，再翻炒。

3 茄子炒软后加入豆瓣酱翻炒，炒出香味后加入**A**稍煮片刻。最后加入水淀粉迅速搅拌勾芡。

4 挂面放入足量的沸水中煮熟，捞出控干水后用凉水冲洗，再次控干水，加入芝麻油搅拌后盛入碗中。

5 放上**3**和葱花。

茄子切蓑衣花刀

茄子皮比较硬，所以切花刀后会比较容易熟，同时也能更好地入味。当然看上去也更美观。

鲷鱼煮面

鲷鱼面充分地煮出了鲷鱼的美味，
很适合在大日子里来上一碗。
焯水处理过的鲷鱼没有了腥味，
用稍微带点甜味的汤汁把它煮得软软烂烂的，
和面条一起组合成沁人心脾的美味。
在店里，我们还曾经用河豚汤煮过面呢！

材料（2人份）

挂面… 3把（50 g ×3）
鲷鱼（切块）… 2块
香菇… 2个
A | 万能蘸面汁…200 mL
　| 酒…50 mL
　| 砂糖… 1小匙
B | 万能蘸面汁…200 mL
　| 高汤…400 mL
花椒叶…适量

做法

1 鲷鱼放入足量的热水中快速焯一下后捞出，再放入冰水中，再捞出来控干水。香菇切成薄片。

2 锅中放入 **A** 加热，稍煮片刻后加入 **1** 继续煮。收汁至1/3左右时关火。放置至自然冷却。

3 挂面放入足量的沸水中煮熟，捞出控干水后用凉水冲洗，再次控干水后盛入碗中。

4 浇上烧热的 **B**，放上 **2**，最后放上花椒叶。

热　面
热　汤汁

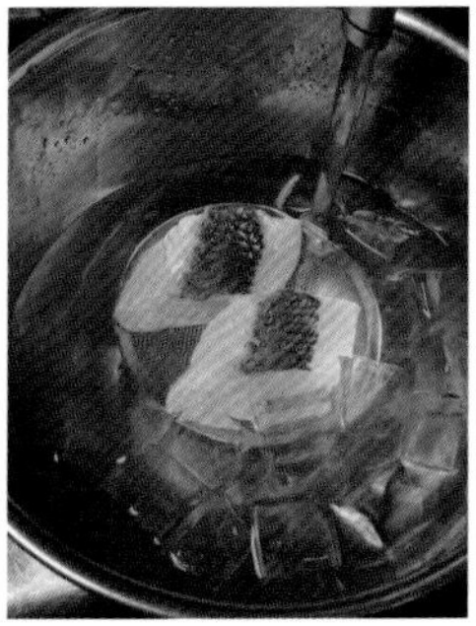

鲷鱼要先焯水去腥

鲷鱼在热水中快速焯水后，可以去掉腥味和黏腻感。捞出后放入冰水中，使肉质收紧。往食材上浇上热水后，食材表面会变成白色。我们称这一现象为“霜降”。

如何煮出好看的鱼片

重要的是不要频繁地去翻动鱼片。要待鱼片表面干了之后，再用勺子舀起汤汁浇到鱼片上。跟香菇一起煮的话，味道会更好，还能增添香气。

芜菁金针菇奶油面

这碗面美味的关键在于面里的芜菁口感独特，
很有嚼劲。（当然了，我个人也很喜欢煮得黏糊糊的芜菁。）
黏稠的面汤温柔地包裹着芜菁，
最后再来点黑胡椒提味吧！

材料（2人份）

挂面…3把（50 g ×3）
芜菁…2个
金针菇…1袋
高汤…600 mL
水淀粉…1大匙
A 生奶油…3大匙
  淡口酱油…2小匙
  甜料酒…2大匙
  盐…1小匙
小葱葱花…适量
粗粒黑胡椒…少许

做法

1 芜菁切成12瓣。金针菇横切一刀后打散、撕开。

2 锅中放入**1**，同时加入高汤，煮10分钟左右。

3 倒入水淀粉迅速搅拌勾芡。再加入**A**，待快要煮沸时关火。

4 挂面放入足量的沸水中煮熟，捞出控干水后用凉水冲洗，再次控干水后盛入碗中。浇上**3**，撒上葱花和黑胡椒。

芜菁不宜切得过厚或过薄

芜菁熟得快，如果切得太薄，就会煮得太烂，没有形状。这次我们将它切成12瓣。金针菇也配合芜菁大小对切两半，这样吃起来比较方便。

奶油不要煮过头

生奶油应事先加入酱油和甜料酒，将味道调好，最后再倒入面中。如果加热过度，生奶油会分离出来，所以倒进去以后稍稍煮一下就行了。

面 热
汤汁 热

温泉蛋、鲑鱼子、牛油果挂面

用酱油、芥末拌好的牛油果和凉凉的蘸面汁是绝佳拍档。将温泉蛋用筷子戳破后，跟面条搅拌均匀。配上好吃的鲑鱼子，怎么可能不美味！

材料（2人份）

挂面…3把(50 g ×3)
牛油果…1个
鲑鱼子…40 g
温泉蛋(市面购入)…2个
A 酱油…1小匙
芥末…1/2小匙
色拉油…1大匙
B 万能蘸面汁…100 mL
高汤…100 mL
海苔条…少许

做法

1 牛油果切成适口大小，用 **A** 拌好。

2 挂面放入足量的沸水中煮熟，捞出控干水后用凉水冲洗，再次控干水后盛入碗中。

3 浇上冷藏过的 **B**，再倒入 **1**、鲑鱼子，放上温泉蛋和海苔条。

真正的章鱼面

在日本料理中占有一席之地的章鱼面，是将生章鱼切成极细的丝，然后像面条一样蘸料或者蘸酱油吃。那么我们这一碗，则是真真正正的章鱼『面』！让我们把所有配菜拌到一起，痛快吃面吧！

材料（2人份）

挂面…3把（50 g ×3）
章鱼（生食用）…100 g
阳荷…2个
青紫苏…2片
酢橘…1个
小葱葱花…适量
芥末…1小匙
生姜泥…1小匙
万能蘸面汁…200 mL

做法

1 章鱼切成宽5 mm的细丝。

2 阳荷切丝。酢橘对切两半。

3 挂面放入足量的沸水中煮熟，捞出控干水后用凉水冲洗，再次控干水后盛入碗中。

4 浇上**1**，加入**2**、青紫苏、葱花、芥末、生姜泥。另取容器装入冷藏过的蘸面汁，蘸食即可。

白丝挂面

这碗面的灵感来自于日本关西的油豆腐丝乌冬面。我把它改成了挂面版本。面的主题是『白』，将鱼糕和萝卜分别切成细长条，然后浇上高汤就可以了。萝卜生脆的口感是这碗面的亮点所在。

材料（2人份）

挂面…3把（50 g ×3）
鱼糕…1/2根
萝卜…1块
香芹…5根
A 万能蘸面汁…100 mL
　高汤…100 mL
香炒白芝麻…1大匙

做法

1 鱼糕、萝卜切成5 cm长的细条。香芹摘下叶片，秆切成5 cm长的段。

2 挂面放入足量的沸水中煮熟，捞出控干水后用凉水冲洗，再次控干水后盛入碗中。

3 浇上冷藏过的**A**，再倒入迅速搅拌均匀的**1**，最后撒上白芝麻。

蔬菜多多『挂面二郎』

只要是喜欢拉面的人，肯定都知道拉面名店『拉面二郎』。我这碗面就是对这家名店的致敬。凉凉的挂面，配上刚煮好的猪肉和各种蔬菜，健康又美味。

材料（2人份）

挂面…3把（50 g×3）
猪肉片…100 g
包菜…2片
胡萝卜…5 cm
荷兰豆…8个
豆芽…1袋

A
万能蘸面汁…3大匙
芝麻油…2大匙
蒜泥…1/2小匙

B
万能蘸面汁…100 mL
高汤…100 mL

粗粒黑胡椒…少许

做法

1 包菜切大片。胡萝卜切条。荷兰豆去筋。

2 挂面放入足量的沸水中煮熟，捞出控干水后用凉水冲洗，再次控干水后盛入碗中。

3 取稍大的锅烧开水，加入少许盐（材料所示分量外）。将猪肉片、豆芽和 **1** 一同放入锅中煮至猪肉片变色，捞出，倒入滤网中控干水后加入 **A** 搅拌。

4 **B** 浇到 **2** 上，再放上 **3**，最后撒上黑胡椒。

柠檬生菜挂面

我曾经在工作中接触过广岛产的柠檬，并且试吃了用它做的英式沙拉。柠檬和生菜用砂糖、橄榄油凉拌后，清爽而又稍稍带点甜味，非常美味！当然也就成为这碗面的灵感源泉。

材料（2人份）

挂面…3把（50 g ×3）
柠檬…2个
生菜…1/2个
A 万能蘸面汁…100 mL
　 高汤…100 mL
B 橄榄油…2大匙
　 砂糖…1小匙
粗粒黑胡椒…少许

做法

1. 生菜切丝后焯水，捞出控干水。将一个柠檬去皮后切成扇形薄片，另一个挤汁到**A**中，冷藏。
2. 取一个稍大的碗，倒入**B**、生菜丝、柠檬薄片搅拌。
3. 挂面放入足量的沸水中煮熟，捞出控干水后用凉水冲洗，再次控干水后盛入碗中。
4. 放上**2**，再倒入**1**的蘸料。最后撒上黑胡椒。

甜辣虾仁盖浇面

虾仁跟带有香味的蔬菜一起炒过之后很有弹性，吃起来回味无穷。而浓稠的甜辣酱因为加入了蛋液，辣味也变得没那么刺激。所以这是一道大人、小孩都可以享受的美味！

材料（2人份）

挂面…3把（50 g ×3）
虾…10只
大葱…1/2根
生姜…1/3块
鸡蛋…1个
豆苗…1/3盒
生粉…少许
水淀粉…1大匙
色拉油…1大匙
豆瓣酱…1小匙
芝麻油…1小匙

A
鸡架高汤
（鸡架高汤汤底1/2小匙
+水300 mL）
番茄酱…2大匙
酱油…2大匙
甜料酒…2大匙
砂糖…1小匙

做法

1 去掉虾壳、挑出虾线，用流水冲洗干净，然后控干水。薄薄地裹上一层生粉。

2 大葱、生姜切末。

3 平底锅中放入色拉油烧热，倒入**1**、**2**翻炒。虾炒熟后，加入豆瓣酱一起翻炒。倒入**A**稍煮片刻，加入水淀粉，迅速搅拌勾芡，然后倒入搅拌好的蛋液，并加以搅拌使之熟透。

4 挂面放入足量的沸水中煮熟，捞出控干水后用凉水冲洗，再次控干水，倒入芝麻油搅拌均匀后盛入碗中。

5 放上**3**和豆苗。

只要有了这些蘸料，『素』面也能登峰造极

笠原流的独特蘸料

从简单纯粹的盐味蘸料、西洋风蘸料到『赞否两论面馆』的人气商品——芝麻核桃蘸料，总能为您找到适合的那一款蘸料！放入冰箱可保存5天。

豆瓣酱是亮点

辣豆乳蘸料

材料（2人份）

豆乳…250 mL
万能蘸面汁…100 mL
豆瓣酱…1小匙
芝麻油…1小匙

做法

所有材料放在一起搅拌均匀。

蔬菜多多的蘸料
就算面里没有佐料都能满足您的味蕾

西班牙冷汤风蘸料

材料（2人份）

番茄汁…150 mL
黄瓜…1/2根
洋葱…1/6个
大蒜…1瓣
橄榄油…2大匙
粗粒黑胡椒…少许
盐…少许
淡口酱油…1大匙
甜料酒…1大匙

做法

所有材料放入搅拌机中打碎，再放入冰箱冷藏。

佐料多多香气扑鼻

冷汁蘸料

材料（2人份）

竹荚鱼鱼干…1片
味噌…3大匙
阳荷…1个
青紫苏…5片
A | 高汤…400 mL
  | 酱油…1大匙
  | 甜料酒…1大匙
小葱葱花…5根切成
香炒白芝麻…1大匙

做法

1 阳荷、青紫苏切碎。
2 竹荚鱼鱼干用烤鱼器烤至双面变软。然后与味噌一起用菜刀敲打。最后放入碗中，加入A搅拌。
3 放入1与葱花搅拌，撒上白芝麻。

醇厚的秘密源自牛乳

芝麻核桃蘸料

材料（2人份）

核桃…150 g
白芝麻粉…3大匙
A | 万能蘸面汁…250 mL
  | 牛乳…100 mL

做法

1. 平底锅中放入核桃，用小火干炒。同时将A混合搅拌。
2. 搅拌机中放入核桃、白芝麻粉，然后分次倒入少许A，搅拌至细滑状态。

超级适合夏天！还可以用来招待客人！

啫喱蘸面料

材料（2人份）

万能蘸面汁…200 mL
高汤…200 mL
吉利丁片…4.5 g

做法

1. 吉利丁片放入容器中，加水至没过表面，浸泡使之膨胀。
2. 小锅中加入蘸面汁和高汤，放到火上煮，咕嘟冒泡后加入1搅拌并关火。放凉后装入容器中，放入冰箱使之凝固。

如果只是想简单品尝一下面条的味道，那么推荐您用

盐味蘸料

材料（2人份）

水…400 mL
海带（高汤用）…10 cm × 10 cm
盐…1/2大匙
甜料酒…2大匙
砂糖…1小匙

做法

所有材料倒入锅中加热，煮开后关火。放至自然冷却后倒入笊篱中过滤。

关于挂面

推荐口感筋道，不易变软煳锅的手拉挂面

在选择挂面时，最好选择纯手工拉制的挂面。因为这种挂面不是用机器切断，而是通过捻搓将面拉得细长，用这种方法制作的面条风味更佳。据说面醒的时间越长就越筋道，且不易变软煳锅。

另外一个关键就是面条的煮法。我们要用足量的沸水来煮。煮的时候为了防止溢锅，请用大火。煮好之后，请迅速放到流水下冲洗、揉搓，去掉表面黏液。这样煮出来的面条不仅有光泽，而且很有嚼劲。因为煮出来之后还要用凉水冲洗，所以一定要将面条煮透，煮到没有白芯为止。

本书中所使用的挂面

本书中所使用的是50g×6把规格的手拉挂面。煮熟后依然能保持筋道，不易变软煳锅，且口感爽滑。根据面条的粗细不同煮面所需的时间也略有区别，这种是直径0.7~0.9 mm的面条，需要煮1分30秒至2分钟左右。

挂面的煮法

在锅中加入足量的水，水烧开后，将挂面分散放入，大火煮。煮之前应做好准备，将要煮的挂面上的纸带拆开，以免水开之后慌慌张张，手忙脚乱。

用筷子轻轻地将面条扒散，水再次烧开后，为防止溢锅，请调整火候，再煮1分30秒至2分钟左右。

请一定要尝尝看，以防止面条没有熟透。面条没有白芯就说明煮好了。

迅速将面条放到滤网上。用流水冲洗，使之冷却。双手充分揉搓去掉黏液，最后控干水。

第四章

回味无穷的中式面条

我喜欢拉面。对于我来说，拉面就是小时候父母带我去吃的『武藏小山甘味处』家的酱油拉面的味道。面里配有叉烧、稍稍烤焦的大葱和鱼糕、笋干。上高中以后，我自己也经常去吃。但是那家店，现在已经没有了。

梅子、章鱼、西瓜中式冷面

『赞否两论』店里，夏天有一道很受欢迎的凉菜，是用梅子、章鱼和西瓜拌成的。酸酸的梅子和甜甜的西瓜，这个组合我自己也非常喜欢，于是试着把它改良，做成了现在这道中式冷面。红色的梅子，红色的西瓜，再往汤料里加点红色的番茄酱，备齐了红色就一定不会失败！

材料（2人份）

中式面条（生）… 2团（130 g ×2）
煮熟的章鱼爪… 100 g
西瓜（小）… 1/5个（300 g）
黄瓜… 1/2根
青紫苏… 5片
梅干… 2个

A
鸡架高汤（鸡架高汤汤底1/3小匙+水200 mL）
醋… 3大匙
砂糖… 1大匙
酱油… 1大匙
色拉油… 1大匙
番茄酱… 1大匙

B
色拉油… 1大匙
淡口酱油… 1小匙
甜料酒… 1小匙
醋… 1小匙

做法

1 **A**的所有材料混在一起搅拌均匀。

2 章鱼爪斜切成一口大小的薄片。西瓜切成2 cm左右的小块，瓜皮留着。黄瓜切条。青紫苏切丝后焯水，捞出控干水。

3 去掉梅干的核，跟**B**一起搅拌。加入章鱼爪、西瓜、黄瓜，搅拌。

4 中式面条放入足量的沸水中煮至完全展开，捞出控干水后用凉水冲洗，再次控干水后盛入碗中。浇上**1**，放上**3**和青紫苏。最后摆上西瓜皮。

切配料时保持大小一致

口感不同的章鱼爪、西瓜、黄瓜，切的时候如果注意保持大小、长度一致，吃起来感觉会更好。青紫苏放在水里稍微焯一下可以去掉酸涩味。

担担汤面

微辣的担担面散发着芝麻香气，
蔬菜多多的汤面健康满分。
担担汤面完美结合了这两种面的优点：
肉臊子和蔬菜分量充足，美味双倍。
做好之后，撒上大量的芝麻粉，美味升级，令人垂涎欲滴。

材料（2人份）

中式面条（生）… 2团（130 g ×2）
猪肉末 … 100 g
包菜 … 2片
洋葱 … 1/2个
胡萝卜 … 1/3根
青椒 … 2个
豆芽 … 1/2袋
榨菜 … 20 g
大蒜 … 1瓣
豆瓣酱 … 1大匙
A 鸡架高汤（鸡架高汤汤底**1**小匙+水600 mL）
白芝麻粉 … 3大匙
砂糖 … 1小匙
酱油 … 4大匙
甜料酒 … 4大匙
色拉油 … 1大匙
白芝麻粉 … 1大匙

做法

1 包菜切大片，洋葱切薄片，胡萝卜切块，青椒切丝。

2 榨菜、大蒜切末。**A**的所有材料混在一起搅拌均匀。

3 平底锅中倒入色拉油用小火烧热，放入猪肉末、榨菜末、大蒜末、豆瓣酱，用木铲将肉末打散翻炒。

4 猪肉末变色后加入**1**、豆芽一起翻炒。再加入**A**稍煮片刻。

5 中式面条放入足量的沸水中煮至完全展开，捞出控干水后盛入碗中。浇上**4**，撒上白芝麻粉。

用小火将豆瓣酱炒出香味

炒肉末的时候，加入大蒜、豆瓣酱。用小火慢慢地炒，才能炒出食材的香味和豆瓣酱的辣味。

海鲜锅拉面

吃完海鲜火锅，大家不是会往里面放中式面条吗，这碗面的灵感就来自它。一定要有白菜和鱼糕。虾最后放，这样吃起来比较有弹性。

材料（2人份）

中式面条（生）…2团（130 g×2）
鸡腿肉…200 g
虾…4只
鱼糕…1根
白菜…2片
大葱…1/2根
金针菇…1袋
茼蒿叶…1/4把
A
高汤…600 mL
酱油…1大匙
淡口酱油…1大匙
甜料酒…2大匙

做法

1 白菜的叶子和帮子分开，帮子切成5 cm长的条，叶子切大片。大葱斜切成薄片。金针菇打散、撕开。鸡腿肉切成适口大小。虾去壳，挑出虾线。鱼糕斜切成1 cm厚的片。

2 锅中放入**A**加热煮开，加入**1**（虾暂时不放）。

3 鸡腿肉变色后加入虾，稍煮片刻。

4 中式面条放入足量的沸水中煮至完全展开，捞出控干水后盛入碗中。浇上**3**，摆好配菜。摆放时注意色彩搭配。最后放上茼蒿叶。

美味的面汤是关键

高汤中加入蔬菜和肉煮一煮，就能煮出令人回味的面汤。

热热 面汤汁

鸡胸肉
香辛蔬菜拉面

汤底用的是简单的酱油面汤。
这种普普通通的拉面是我的最爱。
配菜方面，我们稍微来点创意，
用鸡胸肉和脆脆的香辛蔬菜来搭配。
最后的成品会呈现出清爽不油腻的口感。

材料（2人份）

中式面条（生）… 2团（130 g ×2）
鸡胸肉… 2片
阳荷… 2个
青紫苏…10片
豆苗…1/3盒
盐…适量
芝麻油… 1大匙
A 鸡架高汤（鸡架高汤汤底1小匙+水600 mL）
淡口酱油… 2大匙
甜料酒… 1大匙 +1/3大匙
酢橘片… 2片

做法

1 阳荷、青紫苏切丝。豆苗切成3等份。一起放入碗中，用水冲洗，黏液洗掉后放到滤网上控干水。

2 鸡胸肉去筋，加少许盐，然后倒入沸水中。关火，放置5分钟。捞出控干水，用手撕成条，加芝麻油和少许盐搅拌。

3 **A**加热后倒入容器中。

4 中式面条放入足量的沸水中煮至面条完全展开，捞出控干水后倒入**3**中。放上**1**、**2**，最后摆上酢橘片。

蛤蜊豆腐甘煮盖浇面

为了让豆腐保持一定的形状，请在勾芡后再放入。只需稍稍加热一下即可。豆腐完全吸收了蛤蜊的汤汁之后会变得十分美味！最后撒点黑胡椒稍稍搅拌一下。

材料（2人份）

中式面条（生）…2团（130 g ×2）
蛤蜊…300 g
绢豆腐…1块
大葱…1/2根
色拉油…1大匙
水淀粉…2大匙
A 水…600 mL
海带（高汤用）…5 cm ×5 cm
酒…2大匙
淡口酱油…2大匙
砂糖…1小匙
小葱葱花…5根切成
粗粒黑胡椒…少许

做法

1 大葱切碎。

2 蛤蜊放入盐水（材料所示分量外）中吐沙。用手搓洗贝壳，洗净后和 **A** 一起放入锅中煮。蛤蜊开口后，舀掉浮沫，然后用滤网将蛤蜊和汤汁分开，再把蛤蜊肉从壳上剥下来。

3 平底锅中加入色拉油烧热，放入 **1** 翻炒。炒出香味后加入 **2** 的汤汁稍煮片刻，加入水淀粉，搅拌勾芡。

4 豆腐弄碎放到锅中煮一煮，再放入蛤蜊肉稍稍加热。

5 中式面条放入足量的沸水中煮至完全展开，捞出控干水后盛入碗中。浇上 **4**，撒上葱花和黑胡椒。

莲藕泥汤料蘸面

这碗面的蘸料是加了莲藕泥的味噌高汤。因为加了莲藕泥，所以蘸料变得很黏稠。煮好的面条配上蘸料后美味满分！此外，蟹味菇独特的口感和洋葱的甜味也是这碗面的亮点所在。鸡蛋可以煮半熟，戳散了拌着吃，或者煮至自己喜爱的硬度。

材料（2人份）

中式面条（生）… 2团（130 g×2）
莲藕… 1小节（约200 g）
香芹… 3根
洋葱… 1/4个
蟹味菇… 1包
鸡蛋… 2个
芝麻油… 1大匙
A 鸡架高汤（鸡架高汤汤底1小匙+水600 mL）
味噌… 3大匙
酱油… 2大匙
甜料酒… 2大匙

做法

1 制作溏心蛋。锅中加水烧开，放入鸡蛋煮5分钟，然后取出放到凉水中剥壳。

2 莲藕刨成泥。洋葱切成薄片。蟹味菇扯散撕开。香芹切成2 cm长的段。

3 平底锅中放入芝麻油烧热，倒入洋葱、蟹味菇翻炒。炒软后加入**A**，稍煮片刻。

4 加入莲藕泥搅拌勾芡，汤汁变得黏稠后关火，加入香芹。

5 中式面条放入足量的沸水中煮至完全展开，捞出控干水后盛入碗中。**1**对半切开摆放在面条上。另取容器倒入**4**，用来做面条蘸料。

明太子凉拌米粉

曾经在一家中国菜餐厅吃过一碗鱼子酱凉拌米粉。这碗面的灵感就来自于它。配菜只有明太子这一样。拌的时候油可以稍微放多一点，这样明太子和米粉能融合得更好，最后呈现出一种醇厚的口感。也可以作为一道凉菜食用。

材料（2人份）

米粉（干）…90 g
辣明太子…100 g
A
- 色拉油…2大匙
- 淡口酱油…1小匙
- 甜料酒…1小匙

小葱葱花…5根切成
碎海苔…少许

做法

1. 米粉放到水中浸泡片刻，泡开后控干水，再切成合适的长度。用足量的沸水煮3～4分钟，捞出控干水后放入冰水中过一下，冷却后再次捞出控干水。
2. 明太子去薄皮、打散，放入稍大的容器中，加入A搅拌。
3. 加入1和葱花搅拌，然后盛入碗中，放上碎海苔。

米粉要用水浸泡后再煮

米粉用水浸泡后再煮的话，会比较筋道，也更容易入味，最后成品的味道会更加浓郁。

胡萝卜泥炒墨鱼荞麦面

长大成人以后，炒荞麦面成了我的下酒小菜。我一直都喜欢吃炒荞麦面，但不喜欢那种掺杂了过多配菜的炒面。所以我就试着把胡萝卜擦成泥来炒。这样既炒出了甜味，又能跟面条很好地融合在一起，美味加倍。

材料（2人份）

中式面条（生）…2团（130 g ×2）
干墨鱼…1只
大葱…1/2根
水菜…1/3把
胡萝卜…3/4根（约200 g）
生姜…3/4片
A 酒…2大匙
　酱油…1大匙
　蚝油…1大匙
　粗粒黑胡椒…少许
色拉油…2大匙
香炒白芝麻…1大匙

做法

1 墨鱼去内脏。身体部分去除软骨后纵向切成两半，然后切成2 cm宽的条。墨鱼爪切成合适的长度。大葱斜切薄片。水菜切成5 cm长的段。胡萝卜擦泥，生姜切末。**A** 的所有材料混在一起搅拌均匀。

2 中式面条放入足量的沸水中煮至完全展开，捞出控干水。

3 平底锅中加入色拉油烧热，放入墨鱼、生姜翻炒。炒出香味后加入大葱、水菜、胡萝卜迅速翻炒。

4 加入 **2** 再次充分翻炒，待胡萝卜与面条完全融合后加入 **A** 迅速搅拌，盛入碗中，撒上白芝麻。

萝卜盖浇锅巴荞麦面

将煮熟的中式面条煎至两面金黄色，
煎出香香脆脆的锅巴。
萝卜泥里混着柔软的萝卜条。
就让热乎乎的萝卜来温暖你的身体吧！

材料（2人份）

中式面条（生）…2团（130 g×2）
萝卜…1/2根
水淀粉…2大匙
A
- 鸡架高汤（鸡架高汤汤底1小匙+水600 mL）
- 淡口酱油…1大匙
- 盐…1/2小匙
- 甜料酒…2大匙

色拉油…2大匙
粗粒黑胡椒…少许

做法

1 萝卜的1/3擦泥。剩下的切成5 cm长的条。

2 中式面条放入足量的沸水中煮至完全展开，捞出控干水后加入1大匙色拉油搅拌。

3 平底锅中铺好**2**，放到火上煎。两面煎出脆脆的锅巴，注意不要煎煳。煎好后取出放入容器里。

4 同一个平底锅中放入1大匙色拉油翻炒切好的萝卜条。炒软后加入**A**，再倒入水淀粉迅速搅拌勾芡，最后放入萝卜泥。

5 浇到**3**上，撒上黑胡椒。

挂面式冷面

我在韩国有店，所以时不时会去一下韩国。我觉得当地的冷面口感很有意思，于是用冷面替代挂面，做了这么一碗挂面式的冷面。配菜和蘸料都是完完全全的挂面风，是不是很有意思呢！

材料（2人份）

韩国冷面（生）…2团（165 g×2）
鸡蛋…2个
香菇…4个
阳荷…2个
大葱（葱白部分）…1/2根
豆苗…1/2盒
生姜…2/3片

A 盐…一小撮
砂糖…一小撮

B 万能蘸面汁…100 mL
高汤…50 mL
砂糖…1小匙

万能蘸面汁…300 mL
色拉油…1大匙

做法

1 做蛋皮。鸡蛋打入碗中，加入**A**搅拌。平底锅中放入色拉油烧热，倒入一半蛋液，煎至四周翘起后关火，翻面再迅速煎一下。放至不烫手程度后切成细丝。用同样的方法再做一张蛋皮。

2 香菇切薄片，与**B**一起放入锅中，煮至汤汁收干。

3 阳荷切丝。大葱切成5~6 cm长的段后纵向划开取出葱芯，再切丝，过水浸泡后捞出控干水。豆苗切成5 cm长的段。生姜擦泥。

4 韩国冷面放入足量的沸水中，按照包装袋上的说明煮熟，捞出控干水，用凉水冲洗，再次控干水后盛入容器。

5 将**1**、**2**、**3**（除生姜外）点缀到冷面上，注意色彩搭配。另取容器倒入蘸面汁，将冷面蘸着吃。

关于中式面条

做中式面条的话，使用生面条更方便。米粉和韩国冷面也不妨试一试

做中式面条的话，用生面就可以了。刚煮好的面条配上汤料，可以做拉面、汤面、蘸面。用凉水洗过以后，也可以做中式凉面。再有，将煮好的面条跟配菜一起炒一炒，就是一碗炒面。甚至中国料理店里经常会出现的锅巴面都能轻松搞定。当你想换个口味，品味不同口感的面条的时候，可以试一下弹力十足的韩国冷面。中式面条、韩国冷面、米粉现在在超市都能够轻易买到。百分之百由大米做成的米粉不仅健康，而且便于储存，非常方便。

本书中所使用的中式面条

本书中所使用的是130 g规格的手工面（左上图）。这种面条呈卷曲状，能更好地与面汤融合。煮的时间大约为2分钟（稍硬）、2分30秒（普通）、3分钟（稍软）。米粉使用的是150 g规格的干米粉（左下图）。先用冷水泡开后再放入沸水中煮3~4分钟即可。韩国冷面使用的是165 g规格的生面（下图）。

中式面条的煮法

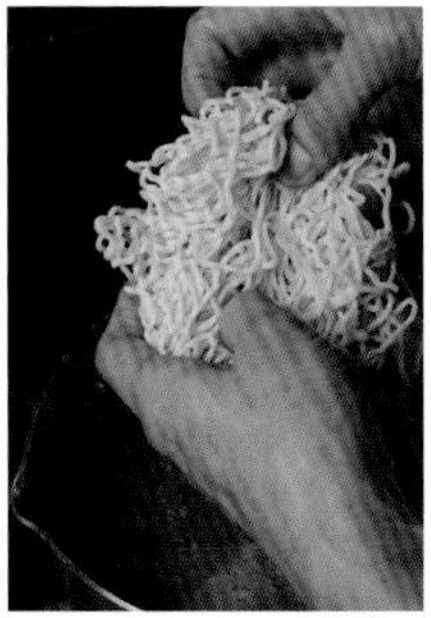

先用手将面条扯散。面条充分接触空气后会更有嚼劲。

在锅中放入足量的水，水烧开后放入面条并迅速用筷子将面条扒散。

按照包装袋上的说明，选择自己喜欢的面条硬度所对应的时间，煮好后放入漏勺中控水。

一般来说，煮拉面的时候，要先将汤放入容器中，再往里面倒面条。因为如果先放面条的话，汤不能和面完全融合，面本身会粘在一起。请务必注意这一点。

第五章 偶尔来碗意面也不错

意面的基底是小麦粉。
所以它能跟很多食材搭配在一起。
我的店里虽然没有意面卖，
但是，我想出了8道由和食料理人
来制作的『和式意面』。

青紫苏黄油培根意面

我喜欢罗勒，但和式意面里放罗勒的话总觉得不太合适。

于是，我想起了六本木的一家意大利菜的老店。

那家店刚开业时推出了加有罗勒和青紫苏的意面。

青紫苏清爽的香气和美味的培根搭配起来很完美。

材料（2人份）

意面…160 g
培根…4片
青紫苏…10片
黄油…20 g
盐…少许
粗粒黑胡椒…少许

做法

1 培根切成1 cm宽的小片。青紫苏切碎。

2 意面放入足量的沸水中，加入足够的盐（材料所示分量外），按照包装袋上的说明开始煮面。

3 平底锅中放入黄油加热，加入培根翻炒。

4 煮好的意面控干水后加入3中，放入青紫苏，迅速搅拌。撒上盐调味。

5 盛入碗中，撒上黑胡椒。

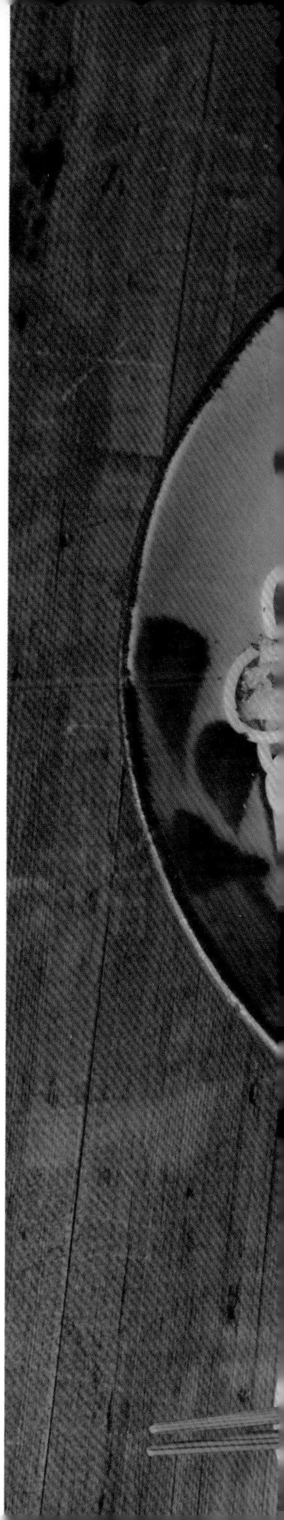

煮意面的水要放足够的盐

煮意面的时候，我们要把盐当成一种十分重要的调味料，一定要放入足够的盐（水量的1%），2 L水要放20 g（$1\frac{1}{3}$大匙）。可以尝一尝，觉得“嗯，有盐味”就可以了。

面和配料不要炒，要凉拌

在平底锅中加入煮好的意面后，一定不要炒。将平底锅前后抖动，再用筷子去搅拌，使之入味。

鸡肉牛蒡奶油宽条意面

粗粗的手打宽面跟浓稠的奶油是绝佳的搭配。鸡肉和牛蒡在日本料理中也是固定的好搭档。牛蒡的口感、奶油的风味都让人难忘。

材料（2人份）

宽条意面…100 g
鸡腿肉…150 g
牛蒡…1/2根
黄油…20 g
盐…少许
A 生奶油…4大匙
　酱油…2小匙
　甜料酒…2小匙
芝士粉…2大匙
小葱葱花…适量
粗粒黑胡椒…少许

做法

1 鸡腿肉斜切成适口大小。牛蒡切细长薄片。用水迅速冲洗后控干水。

2 宽条意面放入足量的沸水中，加入足够的盐（材料所示分量外），按照包装袋上的说明开始煮面。

3 平底锅中放入黄油加热，放入**1**，加盐翻炒。牛蒡变软后加入**A**。

4 煮好的宽条意面控干水后倒入**3**中，迅速搅拌，再放入芝士粉。

5 盛入碗中。撒上葱花和黑胡椒。

豆芽酒盗意面

说是意面，却更像是下酒菜！
脆生生的豆芽、稍微带点辣的豆苗，加上醇厚的酒盗，这样的美味让人沉迷。
酒盗，是用鲣鱼内脏腌制而成的。
炒一炒放上去会更香。

材料（2人份）

意面…160 g
豆芽…1袋
酒盗…3大匙
豆苗…1/3盒
芝麻油…1大匙
香炒白芝麻…1大匙

做法

1 豆苗横切两段。

2 意面放入足量的沸水中，加入足够的盐（材料所示分量外），按照包装袋上的说明开始煮面。在面捞出来之前一分钟，倒入豆芽，迅速搅拌。

3 豆芽和面一起捞出，控干水后盛入碗中。放上1和酒盗，撒上白芝麻，浇芝麻油。

豆芽和意面一起煮更好

豆芽只需在捞出意面之前放到同一口锅里迅速过一下水就可以了。一起品味豆芽脆生生的口感吧!

韭菜卡布纳拉意面（Carbonara）

这碗面的灵感来自于韭菜炒鸡蛋。先将鸡蛋黄和生奶油搅拌均匀做成酱汁。如果想让面条呈现出浓稠的感觉，那么关键是：一定要在倒入酱汁后立刻关火。

材料（2人份）

意面…160 g
培根…4片
韭菜…1/3把
盐…少许
黄油…20 g
A 鸡蛋黄…2个
生奶油…2大匙
芝士粉…1大匙
粗粒黑胡椒…少许

做法

1 培根切成1 cm宽的小片。韭菜取少量切成5 mm长的段，剩下的切成5 cm长的段。**A**的全部材料放到碗里搅拌。

2 意面放入足量的沸水中，加入足够的盐（材料所示分量外），按照包装袋上的说明开始煮面。

3 平底锅中放入黄油加热，再加入培根和5 cm长的韭菜段翻炒。煮好的意面控干水后倒入锅中，迅速搅拌，加入**A**后立即关火，利用余热加热。最后撒盐调味。

4 盛入碗中，摆好切成5 mm长的韭菜段。最后撒上黑胡椒。

海苔扇贝柚子胡椒意面

加热后的海苔和扇贝搭配起来非常棒！还可以撒上少许柚子胡椒作为点缀。柚子胡椒即使经过加热，香味也依然存在，所以非常适合用来做日式意面。但是，请注意不要放太多。

材料（2人份）

意面…160 g
扇贝瑶柱罐头…1小罐(80 g)
大葱…1/2根
烤海苔(整张)…1片
A ┃ 酒…1大匙
　┃ 酱油…1小匙
柚子胡椒…1/2小匙
色拉油…1大匙

做法

1 大葱斜切薄片。海苔撕碎。

2 意面放入足量的沸水中，加入足够的盐(材料所示分量外)，按照包装袋上的说明开始煮面。

3 平底锅中加入色拉油烧热，放入大葱翻炒。炒软后将扇贝肉连同罐头汁一同倒入锅中，迅速搅拌。然后加入A、柚子胡椒搅拌。

4 煮好的意面控干水后倒入锅中，撒上海苔稍加搅拌。

白味噌、番茄、滑子蘑斜管面

可能你觉得这个组合有点出人意料，但实际上滑子蘑和番茄是经常用来做味噌汤配菜的。而使用斜管面的灵感则来自于面疙瘩汤。经过白味噌调味的番茄奶油酱汁，搭配口感弹性十足的滑子蘑，这样的组合一定会给您带来惊喜。

材料（2人份）

斜管面…120 g
番茄…1个
滑子蘑…1/2袋
生姜…1/3片
A 白味噌…2大匙
牛乳…2大匙
酒…2大匙
酱油…1小匙
色拉油…1大匙
小葱葱花…适量
粗粒黑胡椒…少许

做法

1 番茄切大块，生姜切末。滑子蘑用热水迅速焯水后用滤网过滤，控干水。**A**放在碗里搅拌。

2 斜管面放入足量的沸水中，加入足够的盐（材料所示分量外），按照包装袋上的说明开始煮面。

3 平底锅中放入色拉油烧热，加入番茄、生姜、滑子蘑翻炒。炒出香味后加入**A**，迅速搅拌。

4 煮好的意面控干水后倒入**3**中，迅速搅拌后盛入碗中。最后撒上葱花和黑胡椒。

盐鲑香芹香蒜橄榄油意面

我觉得鲑鱼的盐味有点不够，
所以最后淋了一圈酱油，
结果反而形成了一种独特的香味。
大蒜和红辣椒的风味配上香芹脆脆的口感，
堪称完美。

材料（2人份）

意面…160 g
盐鲑…1块
香芹秆…1根
大蒜…1瓣
红辣椒…1个
酱油…1小匙
粗粒黑胡椒…少许
橄榄油…1大匙

做法

1 香芹秆切薄片。大蒜切末。红辣椒去蒂去籽。

2 鲑鱼去掉皮和骨，切成小块。

3 意面放入足量的沸水中，加入足够的盐（材料所示分量外），按照包装袋上的说明开始煮面。

4 平底锅中放入橄榄油烧热，倒入**2**，用木铲将鲑鱼扒散翻炒，炒热后加入**1**。炒出香味后淋一圈酱油，再撒上黑胡椒。

5 煮好的意面控干水后倒入**4**中，迅速搅拌后盛入碗中。

黄瓜、奇异果、甜虾冷意面

日本料理中也经常会用到的甜虾，搭配带点酸味的奇异果，再裹上黄瓜泥，最后用一点点芥末调成和式风味。翠绿的颜色看上去十分清凉，让人心旷神怡。

材料（2人份）

卡佩利尼（Capellini）天使发丝意面…100 g
甜虾（生吃用）…80 g
黄瓜…1根
奇异果…1个
盐…适量
A
- 色拉油…2大匙
- 盐…1/2小匙
- 芥末…1/2小匙

做法

1 黄瓜连皮一起擦成泥，然后用手轻轻挤干水，和 **A** 一起搅拌。

2 奇异果切成1 cm左右厚的小块。甜虾剥皮，撒少许盐。

3 天使发丝意面放入足量的沸水中，加入足够的盐（材料所示分量外），按照包装袋上的说明开始煮面。煮好后放入冰水中，再捞出控干水后盛入碗中。

4 加入 **1** 和 **2** 搅拌均匀。撒上少许盐调味。

迅速搞定的吃面小菜

接下来要教大家做一些吃面时配的小菜。这些小菜的灵感来自于拉面店。可以直接吃，也可以放在各种面条上搭配着吃。都是可以轻轻松松做出来的简单小菜。

绵密的口感和芝士的甜味
为您带来温柔感受

山药棉花糖沙拉

材料(2人份)

山药…8 cm
马斯卡彭奶酪…50 g
芥末…1/2小匙
盐…适量
小葱葱花…3根切成
海苔条…少许

做法

1 山药切成适口大小，放入加了少许盐的热水中煮熟。捞出控干水后，用叉子的背面将山药弄碎。加入马斯卡彭奶酪、芥末和少许盐一起搅拌。

2 盛入碗中，撒上葱花和海苔条。

不需要花时间去包!

双面香脆圆盘饺子

材料(10个份)

猪肉末…100 g
包菜…2片
韭菜…5根
大葱…1/3根
生姜…2/3块
饺子皮…20张
盐…少许
色拉油…1大匙

A
酱油…1大匙
甜料酒…1/2大匙
芝麻油…1/2大匙
粗粒黑胡椒…少许

B
酱油…少许
醋…少许
辣椒油…少许

黄芥末…少许

做法

1 包菜切末撒盐，变软后用手用力挤干水。韭菜、大葱、生姜全部切末。
2 猪肉末、A、1放入碗中，充分搅拌。
3 饺子皮的边缘蘸水，再将2的馅取约1/10的量放到饺子皮中央。另取一张饺子皮，放到上方，将两张饺子皮边缘捏紧，做成圆盘状。
4 平底锅中放入色拉油烧热，将3摊到锅中，煎至两面呈金黄色。装盘，旁边放上B和黄芥末。

享受小火焖烤出的绵软口感

包菜鸡蛋饼

材料(直径26 cm的平底锅做一张饼所需材料)

培根…2片
包菜…1/6个
青紫苏…5片
鸡蛋…3个
盐…少许
粗粒黑胡椒…少许
蛋黄酱…适量
色拉油…1大匙

做法

1 包菜切丝。青紫苏切大片。培根切成1 cm宽的小片。
2 鸡蛋打入碗中，搅散后加入1、盐、黑胡椒，然后充分搅拌。
3 平底锅中加入色拉油，小火烧热后倒入2，盖上锅盖，焖5~6分钟。然后分成6等份装盘，旁边放上蛋黄酱。

口感脆生生的萝卜和盐渍凤尾鱼是最佳拍档

萝卜凤尾鱼

材料（2人份）

盐渍凤尾鱼（菲力）…3块
萝卜…1块
豆苗…1/2盒
粗粒黑胡椒…少许

做法

1 萝卜切成5 cm长的细丝。豆苗横切两段。凤尾鱼切小块。
2 放入碗中搅拌，撒上黑胡椒。

亮点是竹笋的口感！还可以作为拉面的配菜！

蘑菇炒竹笋

材料（2人份）

大葱…1/2根
蘑菇…1盒
金针菇…1袋
竹笋…100 g
芝麻油…1大匙
A 酒…1大匙
　酱油…1大匙
　甜料酒…1大匙
辣椒粉…少许

做法

1 大葱斜切薄片。蘑菇、金针菇打散、撕开。
2 平底锅中倒入芝麻油烧热，倒入大葱、蘑菇、金针菇、竹笋翻炒。所有食材都变软后加入混合好的A迅速搅拌。最后撒上辣椒粉。

散发着芝麻油香气的清爽凉拌菜

裙带菜生菜拌辣白菜

材料（2人份）

裙带菜（盐渍）…30 g
生菜…1/4个
辣白菜…50 g
A 芝麻油…1大匙
　醋…1大匙
　酱油…1/2大匙
蛋黄…1个
香炒白芝麻…1大匙

做法

1 用流水冲洗掉裙带菜的盐，然后将裙带菜放在水里浸泡片刻。捞出后拧干水，切大片。生菜用手撕成大片。辣白菜切大片。
2 1放入碗中，用A凉拌。
3 装盘。将蛋黄打散后浇入，最后撒上白芝麻。

第六章 人多的时候大家一起来吃面吧

一个人或两个人吃、可以迅速做好的面条当然不错。
大家一起围着锅，热热闹闹地哧溜吃面，也是面条的另一种魅力所在。
只要事先将材料全部准备齐全，后面只用放到火上就行了，非常简单！

汤泡挂面

曾经在长崎岛原的面条师傅家中吃过这种面，它令我印象深刻。
冬天，大家围着土锅，吃着刚刚做出来的面条。
热乎乎的面条蘸着汤汁，好吃到停不下来。
如果加上一点猪肉，就是完美的待客美食了。

材料（4人份）

挂面…6把（50 g×6）
猪五花肉薄片…200 g
萝卜…8 cm
白菜…1/4个
芝麻油…1大匙
一味辣椒粉…少许

A
酒…1大匙
酱油…1大匙
甜料酒…1大匙
砂糖…1小匙

万能蘸面汁…200 mL
木鱼花…10 g
小葱葱花…适量

做法

1 萝卜擦泥。白菜的叶子和帮子分开。帮子切丝，叶子切碎。猪肉切成适口大小。A的所有材料混在一起搅拌均匀。

2 平底锅中放入芝麻油烧热，放入猪肉翻炒，待肉变色后加入A迅速搅拌。撒上辣椒粉。

3 找一口大锅放入足量的水，烧开后放入白菜、挂面，煮熟后蘸着蘸面料吃。可以根据自己的爱好撒上萝卜泥、木鱼花、葱花。

猪肉让面条更加美味

用甜辣味的猪肉做辅料，使得面条更加美味。这样的猪肉还可以用来做便当，非常方便，不妨记住这种做法哟。

寿喜烧乌冬面

一开始就将生乌冬面和配菜放在一起咕嘟咕嘟煮起来。
煮好后，将食材捞到碗中，蘸上生鸡蛋液来吃。
乌冬面吸收了肉和蔬菜的美味，甜甜的、软软的，
是孩子和大人都会喜欢上的美味！能量满分哟！

材料（4人份）

乌冬面（冷冻）…3～4团
牛肉（寿喜烧用）…300 g
煎豆腐…1块
大葱…1根
香菇…4个
金针菇…1袋
茼蒿叶…1/2把
A
- 甜料酒…200 mL
- 水…100 mL
- 酒…100 mL
- 酱油…100 mL
- 砂糖…2大匙
- 海带（高汤用）…10 cm×10 cm

鸡蛋…4个

做法

1. 煎豆腐稍挤一下水后切成8等份。大葱斜切薄片。香菇对半切。金针菇打散、撕开。
2. 乌冬面放入足量的沸水中煮熟，捞出控干水。
3. 取一口稍大的锅，倒入**A**后放到火上加热。再依次放入牛肉、**1**、**2**、茼蒿叶。
4. 鸡蛋打入碗中。用煮熟的食材蘸蛋液食用。

面和配菜一起煮

乌冬面、配菜和汤汁一起煮的话，更容易入味，面条的味道也会更加醇厚。

鸡汤拉面锅

这碗面的重点在于鲜美的鸡汤。
灵感来自福冈博多的鸡肉汆锅。
鸡架比较难煮，所以我们用鸡翅替代。
虽然有点奢侈，也有点麻烦，但是能做出浓郁鲜美的汤，一切都值得。

材料（4人份）

中式面条（生）… 2团（130 g ×2）
鸡翅…16个
大葱… 1根
包菜…1/4个
韭菜…1/2把
杏鲍菇… 1个
A 水…1500 mL
酒…100 mL
海带（高汤用）…10 cm ×10 cm
盐… 1大匙
洋葱薄片… 1个切成
柚子胡椒…少许

做法

1 首先做鸡汤。鸡翅从关节处切断，分开翅中和翅尖。留出8个翅中，其他翅中、翅尖和**A**一起放入锅中用大火煮。

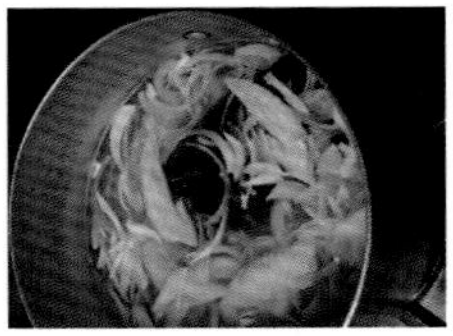

2 煮至沸腾后，改中火煮30分钟。关火，用杵将鸡翅捣碎，再开火煮20分钟。

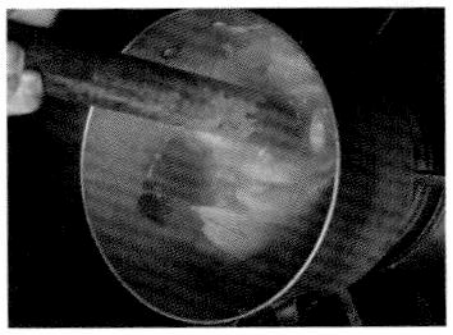

3 汤变白之后，用滤网过滤。

4 留出的翅中放入平底锅中，开火煎至两面呈金黄色。

5 大葱斜切薄片。包菜切大片。韭菜切成5 cm长的段。杏鲍菇手撕成适当的大小。

6 取一口稍大的锅，放入**4**、**5**，再倒入**3**，放到火上煮至熟透。

7 中式面条放入足量的沸水中煮熟，控干水，再将面条放入**6**中稍煮。最后撒上柚子胡椒。

CASSETTE FEU ECO JUNIOR

天妇罗自助荞麦面

荞麦面馆做天妇罗时经常会说，要让天妇罗『开花』。这句话指的是，天妇罗外面裹的面衣就算泡在热腾腾的蘸料里，形状也不能被破坏。在家里您可以自由地炸各种自己喜欢的食材。小孩子喜欢的小香肠炸过之后也会变得脆香多汁。

材料（4人份）

荞麦面（干面）…4把（120 g×4）
虾…4只
小香肠…4根
鱼糕…2根
茄子…1个
青椒…2个
南瓜…1/4个
胡萝卜…10 cm
栗蘑…1包
萝卜泥…适量
生姜泥…适量
万能蘸面汁…200 mL
小麦粉…适量
A 鸡蛋黄…1个
  冷水…150 mL
  小麦粉…100 g
油…适量

做法

1 茄子纵向切成两半，表面切蓑衣花刀，然后对半切成两段。青椒纵向切成4等份。南瓜切薄片。胡萝卜切细丝。栗蘑撕成适当的大小。虾去掉虾壳和虾线。小香肠对半斜切。鱼糕纵向切成两半。

2 **A**倒入碗中搅拌。

3 炸锅加热至170℃。将**1**的材料分别薄薄地裹上一层小麦粉。再裹上**2**，分3~4次放入油锅中，炸脆后捞出。同时，用筷子夹一些胡萝卜丝放入锅中做什锦天妇罗。炸好后，滤掉余油盛入碗中。最后将萝卜泥（稍挤一下水）放到旁边。

4 荞麦面放入足量的沸水中煮熟，控干水后用凉水冲洗，再次控干水后盛入容器中。另取小碗装上蘸面汁和生姜泥，和**3**一起食用。

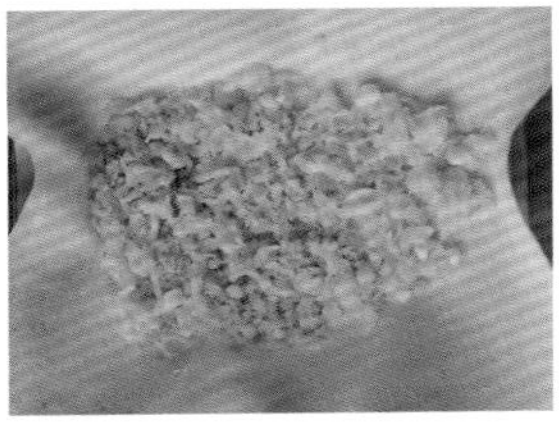

还可以自制油渣

在您辛苦炸制天妇罗时，伴随而来的奖赏便是这些油渣。它们在您下次做面条时就能大显身手了！用厚厚的厨房用纸吸掉多余的油，再用保鲜膜包好冷冻保存即可，非常方便！

炸的时候从硬的东西开始，留出时间间隔

炸天妇罗的时候注意不要一次将所有食材全部放进去。因为油温下降会造成食材生熟不一。应该按顺序先放入南瓜等稍硬的食材，最后放鱼类、贝壳类。

用多出来的面条做点下酒小菜吧

不论是荞麦面还是挂面，我们总觉得吃的会比预计的多。因为怕不够吃，所以总会多煮一点。那么最后的结果往往就是有剩余。剩下的面条怎么处理呢？不如我们就用它做下酒菜吧。

炸荞麦面

在炸得脆脆的面条上挤一点酢橘汁

材料（2人份）

荞麦面（煮过的）…1把
酢橘…1个
盐…少许
油…适量

做法

1 油加热到170℃，将荞麦面展开放入油中，炸4~5分钟。沥干油后盛入碗中。

2 撒上盐。酢橘对半切开放到旁边。

啤酒的最佳搭档

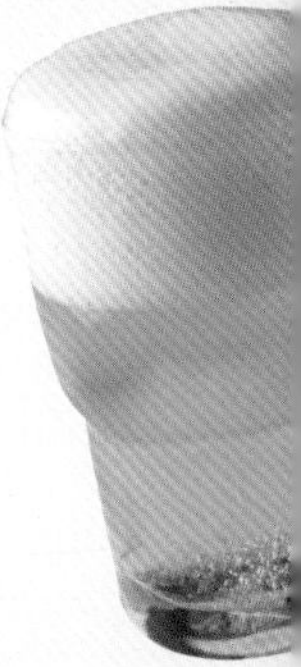

冰镇炒米粉

完全入味的绝佳下酒菜

材料（2人份）

米粉（泡好的）…200 g
鸡胸肉…100 g
大葱…1/2根
香菇…2个
青椒…2个
生菜…1/4个
色拉油…2大匙
A 鸡架高汤（1/3小匙鸡架汤汤底+水100 mL）
酒…1大匙
酱油…1大匙
甜料酒…1大匙
粗粒黑胡椒…少许
香炒白芝麻…1大匙

做法

1 米粉切成合适的长度，放入足量的沸水中煮3~4分钟，捞出控干水。

2 大葱斜切薄片。青椒切丝。香菇切薄片。生菜撕大片。鸡胸肉纵向切两半，再顺着纤维切成鸡肉棒。

3 平底锅中倒入色拉油烧热，加入鸡胸肉翻炒，鸡肉变色后加入大葱、香菇、青椒一起翻炒。加入**1**和混合好的**A**，炒至收汁。

4 装盘，晾一会儿后放入冰箱冷藏一段时间，撒上黑胡椒和白芝麻，加入生菜。

用煮过的挂面来做

蓬松的挂面烧饼

材料（2人份）

挂面（煮过的）…2把
樱花虾…20 g
小葱葱花…5根切成
色拉油…1大匙
A 鸡蛋…2个
　小麦粉…1大匙
　芝麻油…1小匙
萝卜泥…适量
万能蘸面汁…100 mL

做法

1 挂面切长段。

2 放入碗中，和樱花虾、葱花、A一起搅拌。

3 平底锅中放入色拉油烧热，将2分成4份，分别放入锅中，并整理成圆形。煎至两面呈金黄色。

4 装盘，伴以萝卜泥、蘸面汁。

软糯乌冬面和蛋黄酱的绝妙组合

乌冬面通心粉沙拉

材料（2人份）

乌冬面（煮过的）…1/2团
煮鸡蛋…1个
洋葱…1/4个
黄瓜…1根
盐…少许
A 蛋黄酱…4大匙
　黄芥末…1/2小匙
　淡口酱油…1/2小匙
　粗粒黑胡椒…少许
　砂糖…一小撮

做法

1 洋葱切薄片。黄瓜带皮切小块。放在一起，撒上盐揉一揉。变软后用流水冲洗，然后挤干水。煮鸡蛋切碎。乌冬面切段。

2 放入稍大的容器中，加入混合搅拌好的A。

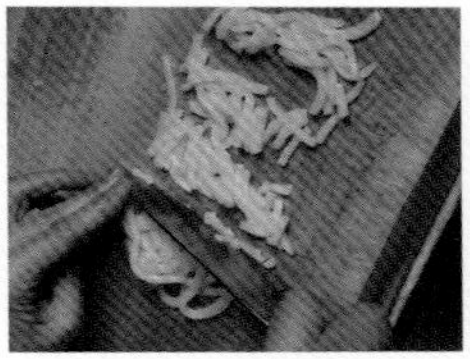

乌冬面要切好后再使用

乌冬面切成适量大小后，能更好地与调料融合，呈现出类似于通心粉的口感。

结语

咻……咻……咻溜咻溜……店铺开门营业之前，
我偷偷地在自己所谓的社长室里伏案工作，
听着从前台传来的齐刷刷吸溜吃面的声音。
我自己是不吃工作餐的，
但是店里的孩子们总是备着面条，时不时吃一点。
荞麦面、挂面、乌冬面、意面……
拍摄杂志或是图书专题时用过的面，总会不经意地留下来享用。
『呀，今天也吃面啊！』一听到这气势十足的声音，
脸上就不由得浮现出满意的微笑。
面真的是很方便的食材。在忙于拍摄和开店准备工作的日子里，
总能迅速地做好面条来填饱肚子。
不过，最近，对于我来说，面条已经成为深夜的食物。
店铺结束营业之后，欢欣鼓舞地跑去『赞否两论面馆』喝点啤酒，
吃点小菜，品尝几口手打乌冬面，已经成为我最为期待的事。
（当然了，这家店本来就是因为自己想去吃所以才开的。）
如果哪一天喝多了，我会去 24 小时营业的『富士荞麦面』店吃。
盖浇荞麦面温暖的面汤治愈了我的疲惫，
温柔地从喉咙滑过的面条是我的救赎。
面是伟大的食物。
不论是白天还是黑夜（甚至于宿醉的清晨），
也不论是在你忙碌时还是犯懒时，
面都是我们的救星。

笠原将弘

摄影 / 原秀俊

备案号：豫著许可备字-2018-A-0094

图书在版编目（CIP）数据

笠原将弘的上品面条/（日）笠原将弘著；姚维译. —郑州：河南科学技术出版社，2019.11
ISBN 978-7-5349-9638-2

Ⅰ.①笠…　Ⅱ.①笠…　②姚…　Ⅲ①.面条-食谱　Ⅳ.①TS972.132

中国版本图书馆CIP数据核字（2019）第168702号

出版发行：河南科学技术出版社
地址：郑州市郑东新区祥盛街27号　邮编：450016
电话：（0371）65737028　65788613
网址：www.hnstp.cn
策划编辑：李　洁
责任编辑：李　洁
责任校对：王晓红
封面设计：张　伟
责任印制：张艳芳
印　　刷：河南瑞之光印刷股份有限公司
经　　销：全国新华书店
开　　本：889 mm × 1194 mm　1/20　印张：5　字数：90千字
版　　次：2019年11月第1版　2019年11月第1次印刷
定　　价：48.00元

笠原将弘

地处东京惠比寿的日本料理店——“赞否两论”的店主。在“正月屋吉兆”修习9年后，继承了自家位于武藏小山的烤串店“鸡将”。2004年“赞否两论”开业，成了很难预约到的抢手店铺。店主不仅活跃于电视、料理教室、杂志等，还在2009年设计策划了位于韩国首尔的日本料理店。2013年“赞否两论”名古屋店、2014年东京广尾“赞否两论面馆”开业。在“赞否两论面馆”，即便是深夜都能品尝到手擀荞麦面，同时还提供跟总店相同的料理，一时成为热议话题。